# 相对论

## 狭义相对论、广义相对论，以及由此产生的现代物理学

〔日〕牛顿出版社 编

《科学世界》杂志社 译

科学出版社

北 京

图字：第01-2019-5847号

## 内 容 简 介

1905年，爱因斯坦提出了狭义相对论；10年之后，在狭义相对论的基础上又提出了广义相对论。狭义相对论和广义相对论统称为相对论，已经成为物理学的基础理论。虽然一百多年过去了，但由于相对论的时空观有悖于牛顿的"常识"时空观，一般初识相对论的人还都表示难以理解。如今，相对论已经广泛应用于高速（接近于光速）和强引力场（宇宙学）领域，相对论的正确性已经毋庸置疑。

本书以图解形式，通俗地讲解相对论的基本概念和不可思议的结论，使得像"时间变慢""空间收缩""空间弯曲"等概念不再难懂。读了这本书，有助于我们更了解相对论。

科学雑誌 Newton
相対性理論増補第3版（ニュートン別冊） 2016年10月5日発行
ISBN：978-4-315-52051-4
Newton Press 2016

本书仅限中华人民共和国境内（不包括香港、澳门特别行政区及中国台湾地区）销售发行。

**图书在版编目（CIP）数据**

相对论 / 牛顿出版社编 ；《科学世界》杂志社译
北京 ：科学出版社，2021.3
  ISBN 978-7-03-063583-9

Ⅰ．①相… Ⅱ．①牛… ②科… Ⅲ．①相对论－研究
Ⅳ．①O412.1
中国版本图书馆CIP数据核字(2020)第095669号

责任编辑：唐云江 王亚萍/责任校对：孙天任
责任印制：李 晴/封面设计：李 晴

**科 学 出 版 社** 出版
北京市东黄城根北街16号
邮政编码：100717
http://www.sciencep.com

北京盛通印刷股份有限公司 印刷
科学出版社发行 各地新华书店经销
*
2021年3月第 一 版 开本：889×1194 1/16
2023年10月第二次印刷 印张：13
字数：490 000
**定价：88.00元**
（如有印装质量问题，我社负责调换）

# 序

1905年，爱因斯坦发表了题为《论动体的电动力学》的论文，这是狭义相对论的开创之作。题目显示，爱因斯坦通过观察电磁现象发现了两个基本原理（或说假设）：（狭义）相对性原理和光速不变原理。由此推得惯性系之间的洛伦兹变换，建立了狭义相对论。

狭义相对论的第一个基本原理——（狭义）相对性原理是说，一切物理定律的方程式在洛伦兹变换下保持形式不变。但是1905年之前的物理定律的方程式都只具有伽利略变换下的不变形式。所以需要把这些非相对论（经典）物理理论修改成"洛伦兹变换"下不变的近代物理理论（例如，牛顿力学修改成了狭义相对论力学）。然而，爱因斯坦无法把牛顿万有引力定律简单地修改成狭义相对论的平直时空引力理论，最终用弯曲时空描写引力相互作用（只是在局部惯性系中狭义相对论才成立），这就是1915年诞生的广义相对论。

相对论是狭义相对论和广义相对论的统称。普及相对论是物理学家的重要任务。长期以来，普及相对论的文章与书籍（本书也是其中之一）不断出版，作者利用不同的方式从不同的角度解释相对论现象。但是，还是有不少读者对狭义相对论的时钟变慢、长度缩短、同时性的相对性等相对论效应仍旧难以理解。读者自我解决这种理解困难的途径就是放弃牛顿绝对时间的概念。这首先需要思考"异地对钟"的问题：对于日常活动，异地对钟都忽略了电磁信号传播的时间，这相当于把光速当成了无穷大。但是对于科学实验的精密测量来说，电磁信号的传播时间就不能被忽略。而且，如果距离很远，如要把地球上的时钟与火星上的时钟对准，那就不能忽略电磁信号需要大约十几分钟的传播时间了。

狭义相对论与经典力学之间的差别不在于相对性原理而只在于光速不变原理。单向真空光速假设的每秒30万千米用来定义惯性系中的时间，也就是用来对准异地的时钟（现在实验中的时钟都是这样对准的，而牛顿力学中的时间却被假定成是绝对不变的）。

对于相对论的内容，需要强调几个概念问题：

## 1．单向光速不可测量

光速是用实验测量出来的，而不可能由任何理论（包括电磁理论）计算出来，而且单向光速原则上不可能测量出来而只能是个假定（要测量光走过一段距离所花费的时间就要把这段距离两端的时钟事先对准，而至今只能用光信号对钟，这就成了逻辑循环）。至今实验测量的真空光速（每秒约30万千米）都是（往返的）双程光速，假定了单向光速各向同性，那么单向光速就等于这个每秒30万千米的双程光速。

## 2．狭义相对论是近代物理学的一大理论支柱

量子现象的发现，要求建立的描写微观相互作用力（电磁力、弱力、强力）的基本物理理论的方程式（例如量子电动力学、电弱统一理论、粒子物理标准模型等）都必须是量子化的且在洛伦兹变换下保持形式不变。有鉴于此，人们才说"狭义相对论和量子力学是近代物理学的两大支柱"。然而，近年来，个别的专业论文和科普书籍中却错误地说成"广义相对论是近代物理学的一大支柱"。这种说法的概念错误是显然的，因为广义相对论只不过是一种引力理论，它与电动力学、量子电动力学、粒子物理学是互相独立且互相并行的近代物理学理论，谁都不是谁的支柱。

## 3．广义相对论和狭义相对论之间的关系

狭义相对论也是广义相对论的支柱，即在弯曲时空的局部惯性系中一切非引力的物理定律方程式在洛伦兹变换下保持形式不变。

"狭义"是指"惯性系"，它是各种参考系中的一种"特殊的参考系"。"广义"是指除"惯性系"之外的"一般参考系"（例如，加速参考系、减速参考系、转动参考系、非物理参考系等）。

所有物质都是在狭义相对论的时空中运动，而广义相对论只是一种比牛顿引力理论更精确地描写引力相互作用的引力理论。所以从物理意义上说，狭义相对论是"普遍的"，广义相对论是"特殊的"。

张元仲
中国科学院理论物理研究所

# CONTENTS 目录

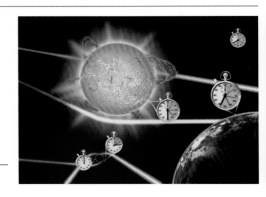

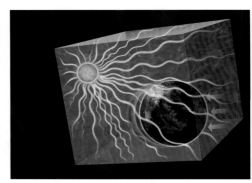

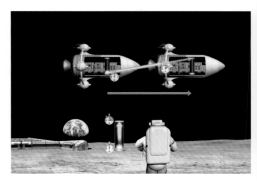

# 4 广义相对论入门

# 5 相对论产生的现代物理学

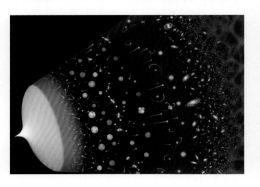

# 1

# 引言

1905 年，爱因斯坦相继发表了对今后科学发展带来巨大影响的三大理论。狭义相对论是其中之一，它彻底颠覆了人类之前对时间与空间的认知。后来，又提出阐明宇宙之谜的引力理论——广义相对论。第 1 章将简要介绍狭义相对论与广义相对论究竟是怎样的理论。

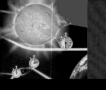

# 时间变慢，空间收缩

　　首先，我们要介绍"狭义相对论是一个怎样的理论"。"相对"是"绝对"的反面。所谓相对论，简单说来，就是揭示"时间和空间都不是绝对的，而是会随观测者所在场所而发生改变"的一种理论。

　　根据狭义相对论，在一艘以接近光速[※1]飞行的宇宙飞船内，时间流动会变慢（时间膨胀）（**1a，1b**）！站在月球上的人看来，宇宙飞船内的时钟走得较慢。宇宙飞船里的人能否察觉到时间变慢呢？察觉不到。这是因为，在飞船内，从人的行为到每个原子的运动，所有物质的运动节奏都变慢了。也就是说，对于飞船里的人来说，一切照旧。因此，谈到时间流动变慢或者变快，只有在与站在其他场所下的人比较观测结果时，才具有意义。

　　奇特现象还不止于此，请看**2a**和**2b**。以接近光速飞行的飞船与静止的飞船本来长度是一样的，但由于运动，它在运动方向上的长度居然变短了。这就是一个以接近光速运动的物体，其运动方向的长度会发生收缩！与上面时间变慢的例子一样，物体的长度也是"相对"的。

　　狭义相对论还预言了另一个效应，那就是以接近光速运动的宇宙飞船的质量（重量[※2]）会变大。

　　在本书里，我们将要详细解说"时间膨胀""长度（空间）收缩"和"质量变大"这三种现象是如何发生的。

※1 光速为每秒299792千米。实际上不需要以接近光速飞行，这样说只是想突出相对论效应。
※2 严格说来，质量与重量是有区别的。102页将对此进行解释。

太阳

地球

月面基地

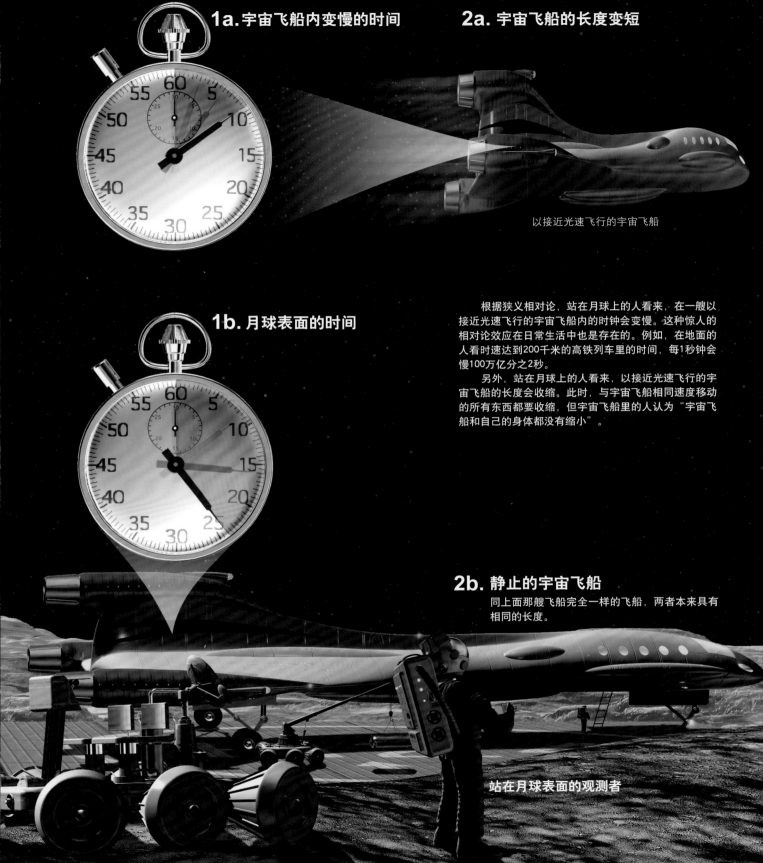

**1a.宇宙飞船内变慢的时间**

**2a.宇宙飞船的长度变短**

以接近光速飞行的宇宙飞船

**1b.月球表面的时间**

根据狭义相对论，站在月球上的人看来，在一艘以接近光速飞行的宇宙飞船内的时钟会变慢。这种惊人的相对论效应在日常生活中也是存在的。例如，在地面的人看时速达到200千米的高铁列车里的时间，每1秒钟会慢100万亿分之2秒。

另外，站在月球上的人看来，以接近光速飞行的宇宙飞船的长度会收缩。此时，与宇宙飞船相同速度移动的所有东西都要收缩，但宇宙飞船里的人认为"宇宙飞船和自己的身体都没有缩小"。

**2b.静止的宇宙飞船**

同上面那艘飞船完全一样的飞船，两者本来具有相同的长度。

**站在月球表面的观测者**

# 引力使光线弯曲，使时间变慢

太阳

这里，我们将介绍"广义相对论是一个怎样的理论"。根据广义相对论，光线在引力的作用下会发生弯曲（**1**）。光不像普通物体那样具有质量，但是在引力作用下，它的行进路径也会发生变化。这真是不可思议！可是，科学家确实观测到来自太阳背后恒星的光线在经过太阳附近时发生了弯曲。

需要注意的是，光线的这种弯曲是在真空（连空气都没有的一无所有的空间）中发生的，与光线进入水中发生折射完全不是一回事。这里发生的光线弯曲是空间发生弯曲的结果。"空间弯曲"，当然难以想象，这将在后面作详细说明。

引力还会影响时间的流动。在引力作用下，时间的流动会变慢（**2a～2d**）！光线不仅会被弯曲，而且在"黑洞"等引力特别强大的天体附近，光还会被它们吞没，那里的时间会接近停止（**2d**）。我们来假想一艘宇宙飞船飞抵一个黑洞附近，在那里停留一会儿，然后再折回的情形。如果宇航员停留的地点合适，他可能在那里仅待1年，长了1岁，然而在地球上，却已经过去了100年。这样看来，我们是可以把黑洞当作"去到未来的一种时间机器"加以使用的。

在本书中，还要对"光线弯曲""空间弯曲"和"引力导致时间流动变慢"发生的原因，以及这三种效应的意义进行详细的解说。

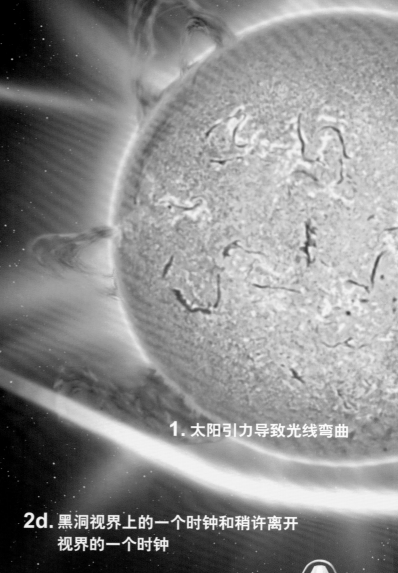

**1.** 太阳引力导致光线弯曲

**2d.** 黑洞视界上的一个时钟和稍许离开视界的一个时钟

黑洞

在黑洞视界上时间停止

靠近黑洞时间变慢。

注：图中时钟的指针所走刻度被有意夸大

## 2b. 不受天体引力作用的时钟
因为没有引力影响，时钟走得要稍微快些。

## 2a. 地球上的时钟

## 2c. 太阳近旁的时钟
与地球表面相比，1年下来要慢大约1分钟。

被黑洞吞噬的光

地球

11

# ① 爱因斯坦度过了怎样的一生？

**学生**：爱因斯坦在多少岁时发表了相对论？

**教授**：爱因斯坦在1905年，也就是26岁的时候发表了狭义相对论。

**学生**：那时，爱因斯坦已经是一位学者了吗？

**教授**：不是。发表狭义相对论时，爱因斯坦并不是大学或研究机构的研究人员，而是瑞士伯尔尼专利局的一名职员。一位名不见经传、而且不是学者的青年人发表了这么革命性的理论，因此令人大为震惊。

**学生**：爱因斯坦出生于哪个国家？

**教授**：爱因斯坦在1879年3月14日出生于德国乌尔姆市。1896年就读于瑞士苏黎世联邦理工学院的数学物理系，1900年毕业。

**学生**：毕业后，爱因斯坦不想从事研究吗？

**教授**：其实爱因斯坦曾尝试过留在大学做助手，但可惜没能实现这个愿望。1902年，他在专利局找到了一份工作。

**学生**：3年后，他就发表了具有划时代意义的论文？

**教授**：是的。但是，1905年发表的论文并不只和狭义相对论相关。爱因斯坦在这一年相继发表了以狭义相对论为首的三大革命性理论。

**学生**：狭义相对论之外的"革命性理论"是什么理论？

**教授**：一个是有关光的性质的理论，它对后来的电子学发展作出了重要贡献。1921年，爱因斯坦主要由于这一成就而荣获了诺贝尔物理学奖。大家或许会感到非常意外，爱因斯坦并不是因相对论而荣获诺贝尔奖的。

另一个理论是解释微小粒子在水面上不规则运动现象（布朗运动）的理论。当时，原子及分子的存在尚处于假说阶段。这一理论确定了原子及分子的存在，之后发展为化学反应的理论。

1915～1916年期间，爱因斯坦发表了广义相对论。

后来，爱因斯坦移民美国，获得美国国籍。1955年4月18日，爱因斯坦在美国普林斯顿去世。在爱因斯坦去世50年后的2005年，相对论迎来了创立100周年的生日。

| 爱因斯坦暨相对论年表 | |
|---|---|
| 17世纪 | 艾萨克·牛顿建立牛顿力学和万有引力定律 |
| 1879年 | 阿尔伯特·爱因斯坦诞生 |
| 1887年 | 迈克耳孙和莫雷进行后来以两人名字命名的实验 |
| 1902年 | 爱因斯坦到伯尔尼专利局工作 |
| 1905年 | 爱因斯坦发表以狭义相对论为代表的3个对科学发展有重大影响的理论 |
| 1915年 | 持续到第二年，1916年，爱因斯坦发表广义相对论。 |
| 1919年 | 英国一个观测小组观测到星光经过太阳附近发生弯曲的现象，证实了广义相对论的预言。 |
| 1921年 | 对理论物理学发展的贡献，特别是关于光的性质的理论，被授予当年的诺贝尔物理学奖。 |
| 1933年 | 受到纳粹政府的迫害，流亡美国。 |
| 1955年 | 因动脉瘤破裂去世 |

年轻时的爱因斯坦

# ② 爱因斯坦所追求的是什么？

**学生**：爱因斯坦对物理学做出了怎样的贡献？

**教授**：一个贡献是巧妙地解决了当时的物理学所面对的难题。狭义相对论、有关光性质的理论及布朗运动的研究都成功解释了令当时的物理学家无比困惑的问题。

**学生**：当时的物理学面临什么难题呢？

**教授**：在这里无法全部详细说明。例如，狭义相对论解决了当时的物理学一大支柱"电磁学的基础方程式"与"牛顿力学"之间的矛盾。此外，有关光性质的理论则构建了20世纪初期才完善的量子力学的基础。

**学生**：除此之外，还有什么贡献？

**教授**：广义相对论进一步完善了牛顿引力理论，而且在天文学上也做出了极大贡献。根据广义相对论，科学家推导出宇宙时而在膨胀、时而在收缩。黑洞也是基于广义相对论而弄清楚的天体。此后的观测都证实了广义相对论的正确性。

**学生**：爱因斯坦对天文学的贡献也很大呀。

**教授**：是的。爱因斯坦做出了非常大的贡献。宇宙起源于大爆炸这一学说也与相对论有关。一方面，爱因斯坦自身开始致力于统一引力与电磁力的"统一理论"的研究。尽管他未能完成这项研究，但据说直到去世的前一天，爱因斯坦依然对此念念不忘。

**学生**：爱因斯坦去世后，统一理论得到了怎样的发展？

**教授**：研究微观世界的物理学发现了作用于基本粒子之间的强力与弱力等新的作用力。研究表明，电磁力、强力和弱力可以用"规范场论"解释。爱因斯坦梦寐以求的统一理论在他去世后得到了部分实现。

**学生**：爱因斯坦潜心钻研的与引力的统一尚未实现吧？

**教授**：是的。大统一理论的目标是统一引力以外的其他三种力。尽管科学家提出了"超弦理论"等包括引力在内的统一理论，但这些理论都有待完善。

**学生**：爱因斯坦真是一个伟大的科学家呀！

爱因斯坦曾孜孜不倦地致力于实现当时已知的引力与电磁力的统一。现在已知的自然界中的力，除了引力与电磁力之外，还有弱力与强力。研究认为，宇宙在诞生（宇宙大爆炸）之初处于高能状态，这时，这四种力是统一的。现在物理学的目标是弄清楚这四种力之间的关系，并用一个理论来解释全部四种力。

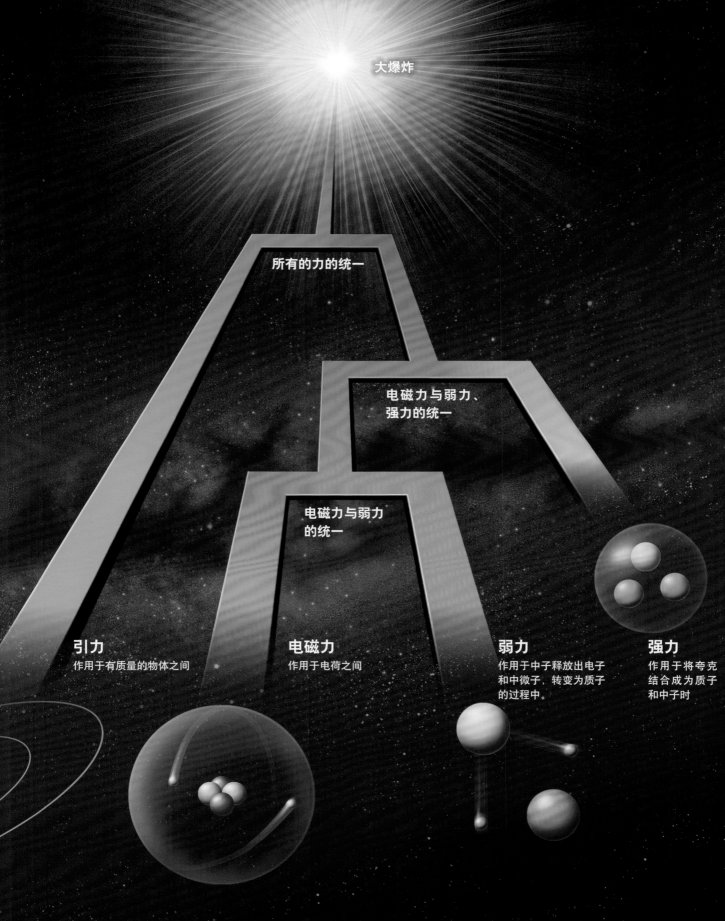

大爆炸

所有的力的统一

电磁力与弱力、
强力的统一

电磁力与弱力
的统一

**引力**
作用于有质量的物体之间

**电磁力**
作用于电荷之间

**弱力**
作用于中子释放出电子
和中微子，转变为质子
的过程中。

**强力**
作用于将夸克
结合成为质子
和中子时

# 2 相对论诞生前夕

相对论颠覆了之前一直被认为绝对正确、丝毫不用怀疑的牛顿力学。当然，牛顿力学并非完全错误。不过，相对论从根本上改变了牛顿力学视为前提的观点。第 2 章在介绍相对论诞生之前观点的同时，将探寻爱因斯坦提出相对论观点的历程。

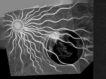
# 以光速飞行的话，能从镜子中看到自己的脸吗？

从这里开始，我们踏上了爱因斯坦曾经走过的那条发现相对论的道路。当时的爱因斯坦仅有16岁，心中充满了好奇。

"我如果以光速飞行，能够从镜子中看到自己的脸吗？"（**1**）

要看到镜子中的脸，从脸部发出的光必须要抵达镜面，再从那里反射到自己眼中。但是，我如果以光速运动，结果又会如何？如果光不行进，光不是就无法抵达镜面吗？爱因斯坦无法想象"停止不前的光"，他陷入了沉思。

爱因斯坦想到前面那个问题，是比较自然的。那时候，科学家们已经把光看成像声音一样的"波"了。

这里来考察在空气中以波动形式传播的声音（声波）。一架正在以音速飞行的客机，从它的头部发出的声波不可能跑离客机行进到它的前面去（**2**）。

声波的速度与气温和气压有关，在空气中通常是大约每秒340米。客机头部发出的声波相对于静止空气行进的速度就是大约每秒340米。于是，在客机前面向前行进的声波将被客机追上，对于客机而言，声波的传播速度就等于零，也就是说，无法从客机头部向前发出声波（**2**）。以上的情况可以得出这样的结论，即如果光的性质与声音一样的话，那么，从以光速运动的人脸发出的光，也应该无法到达前面的镜面。

**1. 以光速飞行的爱因斯坦（假想）**

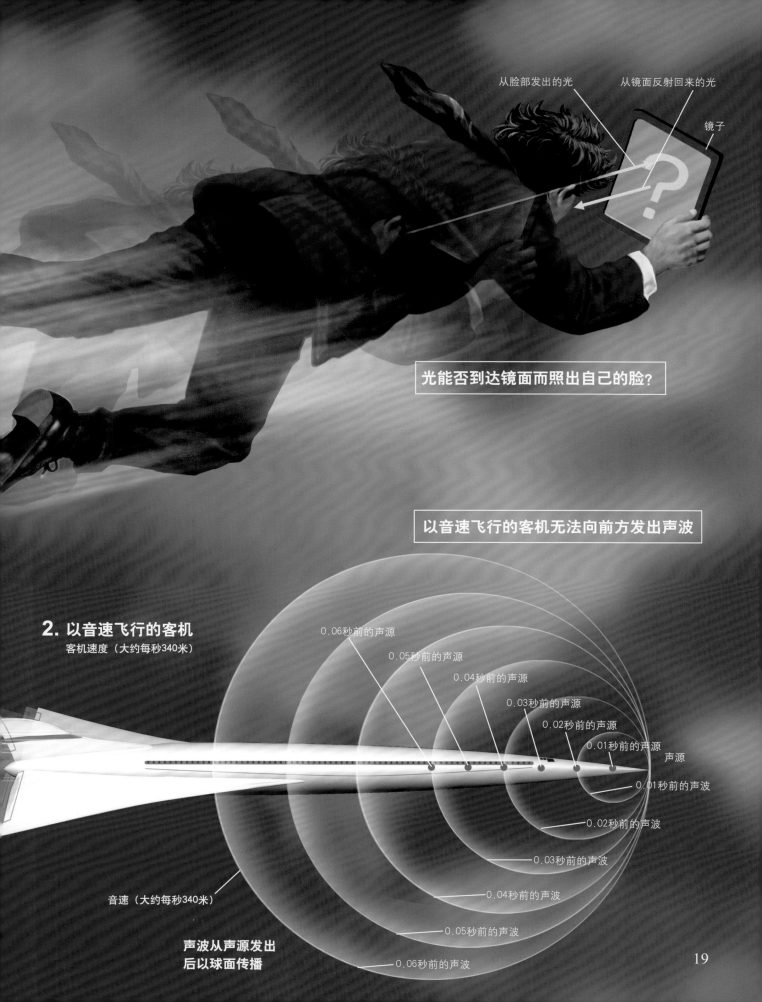

从脸部发出的光 　从镜面反射回来的光

镜子

光能否到达镜面而照出自己的脸?

以音速飞行的客机无法向前方发出声波

**2. 以音速飞行的客机**
客机速度（大约每秒340米）

0.06秒前的声源
0.05秒前的声源
0.04秒前的声源
0.03秒前的声源
0.02秒前的声源
0.01秒前的声源
声源

0.01秒前的声波
0.02秒前的声波
0.03秒前的声波
0.04秒前的声波
0.05秒前的声波
0.06秒前的声波

音速（大约每秒340米）

声波从声源发出
后以球面传播

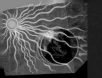

## 16 岁时的遐想 ②

# 相对论的答案是 "镜子能照出自己的脸！"

再来看一下另外一种情况（**2**）。图中旅客**A**正在以每小时5千米的速度行走在一条以时速5千米移动的步行带上。在同一步行带上站着的旅客**B**看来，旅客**A**的时速是5千米。然而，站在地面上的旅客**C**，看到**A**向前移动的时速却是10千米。这里仅仅是简单的速度相加，和前面声波的例子明显不同。

我们试着把上述分析用于以光速飞行的爱因斯坦（**1**）。"飞行的爱因斯坦"相当于在移动步行带上静止不动的旅客**B**，从他"脸部发出的光"则相当于走动着的旅客**A**。如果可以把二者速度简单相加的话，那么，他脸部发出的光是能够到达镜面并从那里反射回来，从而映照出爱因斯坦的模样。

实际情况真的是这样吗？这里先给出结论：根据相对论，即使以光速飞行，一个人也能够从镜子中看到自己的脸※。也就是说，光与声波明显不同。

这个结论的意义，将放在后面解释。

※ 96页对此做了说明。不过，严格说来，即使可以无限地接近光速，也不可能达到光速。因此，问题的结论应该改一下：无论怎样以接近光速的速度运动，也可以从镜子中看到自己的脸。

**1. 以光速飞行的爱因斯坦（假想）**

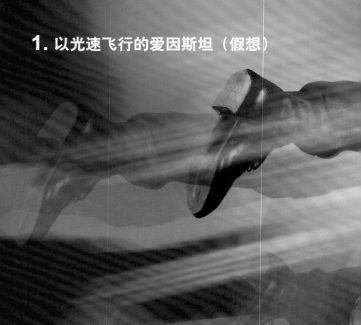

从脸部发出的光
从镜面反射回来的光
镜子

**镜子能照出自己的脸!**

## 2. 速度简单相加后的情形

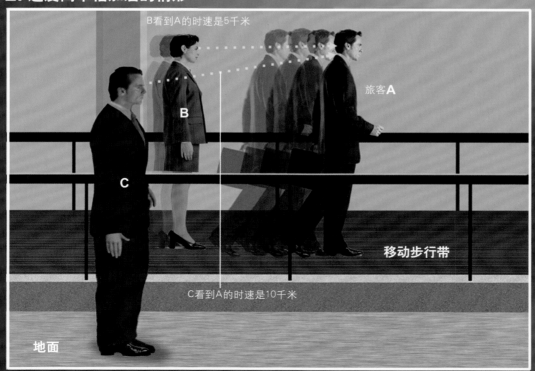

B看到A的时速是5千米

旅客**A**

**B**

**C**

移动步行带

C看到A的时速是10千米

**地面**

# 光若是波，应该存在一种传播光波的东西吧?

我们在前两页介绍了爱因斯坦思考的那个关于光的问题。实际上，颠覆了旧的时间和空间观念的狭义相对论，在一定意义上，就是在科学家"围绕着光的争论"中诞生的。在这里，我们稍微回顾一下当时关于光的本质的那场争论。

前面提到，科学家"已经把光视为一种波"，那么，如果光是一种波的话，那就应该存在着一种"介质"（波可以在其中传播）。这一点，在相对论出现以前已经是一种常识。当时，科学家就把那种有待发现的介质叫做"以太"。

我们用日常的例子来解释什么是"介质"。设想有两个人分别抓住一根长绳的两端。其中一个人上下不停地摇动绳子，如此产生的绳子的上下振动将沿着绳子传播到另一端。绳子的这种上下振动就是一种波动。在这个例子中，绳子就是传播波的介质。除此之外，还有在前一页看到的声波（**1**）、在海里和湖中看到的水面波（**2**）等。声波的介质是空气，水面波的介质是水。

通过与这些形式的波进行类比，当时的科学家就认为，"光既然是一种波，那么就应该存在着一种传播光波的介质"。然而，这种传播光波的介质，也就是以太，怎么寻找也未能发现。

这里也是先给出结论：现在已经十分清楚，根本不存在什么以太。也就是说，**光不需要介质**。

这个结论，已经为后来所做的许多实验所证实。然而，当时的情况，由于以太的存在已经属于常识，科学家都不怀疑存在着那样一种介质。

## 1. 传播声波的是空气

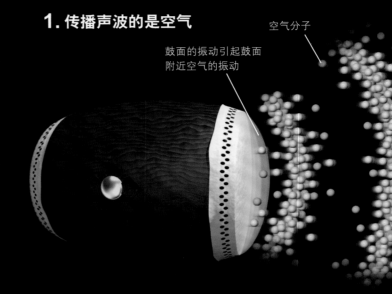

空气分子

鼓面的振动引起鼓面附近空气的振动

声音是一种波，它的介质是空气。但是，声音不像绳子波那样上下晃动传播。鼓面的振动使空气前后晃动。结果，空气密度高的部分和低的部分向前移动。这就是声音。另外，常见的波中，有海中和湖上的波浪（水面波）。水面波的介质是水。

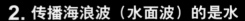

## 2. 传播海浪波（水面波）的是水

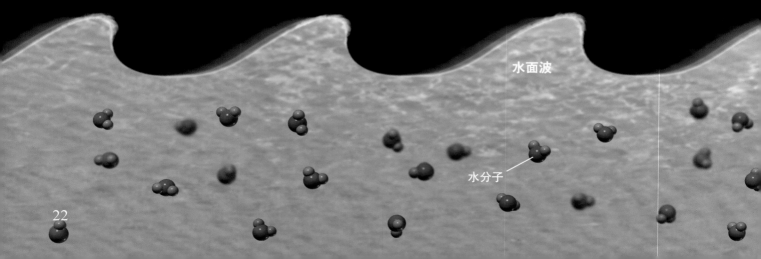

水面波

水分子

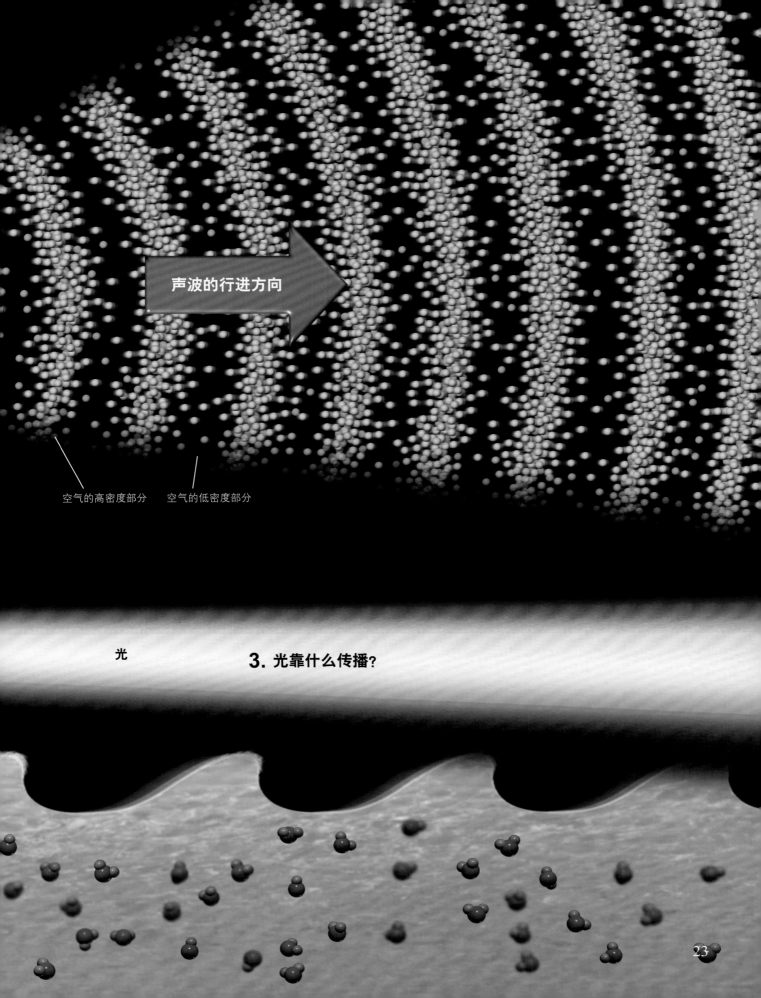

声波的行进方向

空气的高密度部分　空气的低密度部分

光

**3.** 光靠什么传播?

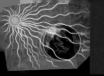

# 传播光的介质是"以太"吗？

当时的科学家对传播光的那种"以太"的性质进行过各种各样的猜测。为了搞清楚相对论诞生的来龙去脉，还需要对以太问题做更深入的考察。

我们知道，太阳光来到地球，必须经过这之间广袤的宇宙空间。如果真的有以太，那么，它就应该充满太阳与地球之间的整个宇宙空间。同时，地球在围绕着太阳公转，因此，地球就是在拨开以太前进。

骑自行车旅行，即使在无风的日子，我们也会感受到风的吹拂。这是因为自行车正在相对于静止的空气作运动。

那么，在以太中行进的地球该是如何？地球也应该受到"以太风"的吹拂。但是，"以太风"会产生阻力，那将使地球之类的任何天体的运动都最终停止下来。事实当然并非如此。于是，当时的科学家就不得不为以太假设一种非常奇怪的性质："**即使以太存在，对于地球等天体也不会产生任何阻力**。"

### 充满以太的宇宙
**可以把宇宙想象为充满水的水槽**

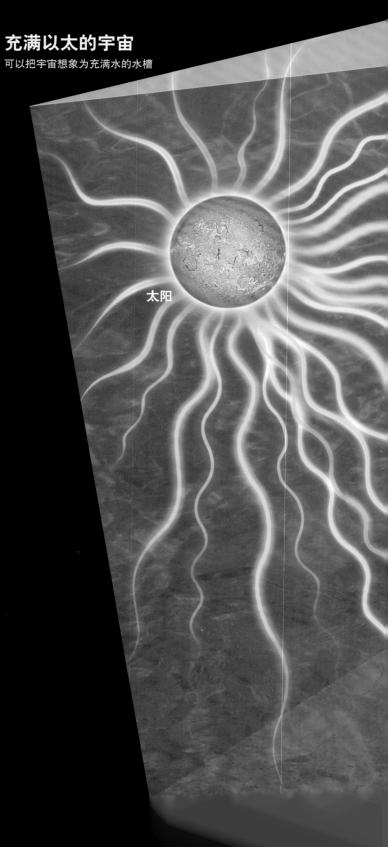

太阳

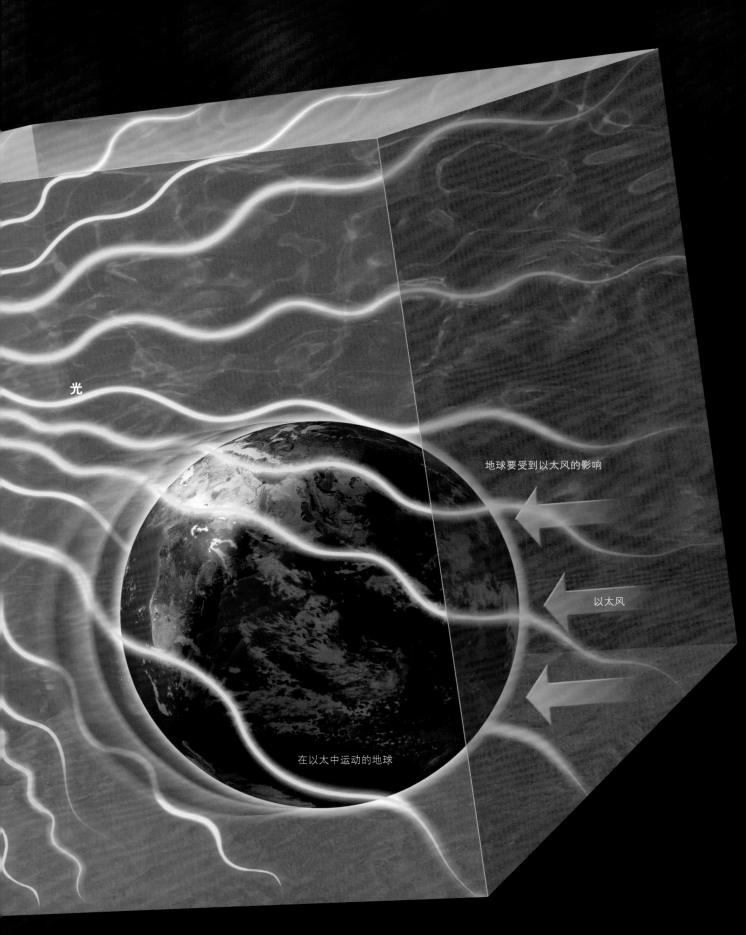

光

地球要受到以太风的影响

以太风

在以太中运动的地球

# 光应该受到"以太风"的影响

光既然是在以太中传播，它的传播就不能不受到以太风的影响。我们拿声波作类比，就会明白这一点。

传播声波的东西（介质）是空气，而风是空气自身运动的一种现象。相对于静止的空气，声波的传播速度是每秒340米。

如果有风向右以每秒5米的速度吹拂，那么，向右传播的声音的速度就是340＋5＝345米（**1−A**）。如果风向反过来，向左吹，风速也是每秒5米，那么向右传播的声音的速度受到逆风的影响会变慢，就将是每秒340−5＝335米（**1−B**）。这就是说，由于存在着风，音速会变慢或者变快。

当时的科学家对于光就是这样认识的。也就是"在以太中运动着的地球上测量光的速度，仅仅由于存在着以太风，测得的光速就应该是有时候大，有时候小。"（**2**）

接下来，我们马上就来介绍用于检测以太风有可能导致光速发生变化的那项实验。

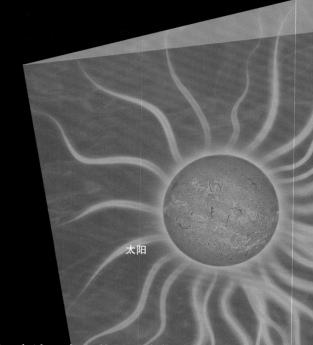

太阳

**1. 音速因存在着风（空气流）而发生改变**

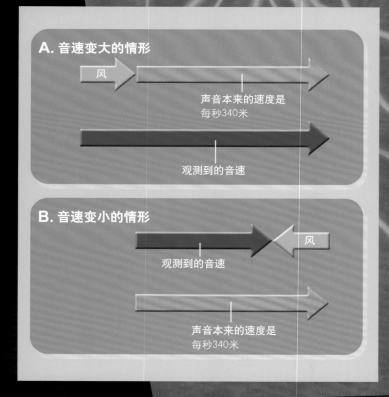

**A. 音速变大的情形**

风

声音本来的速度是每秒340米

观测到的音速

**B. 音速变小的情形**

观测到的音速

风

声音本来的速度是每秒340米

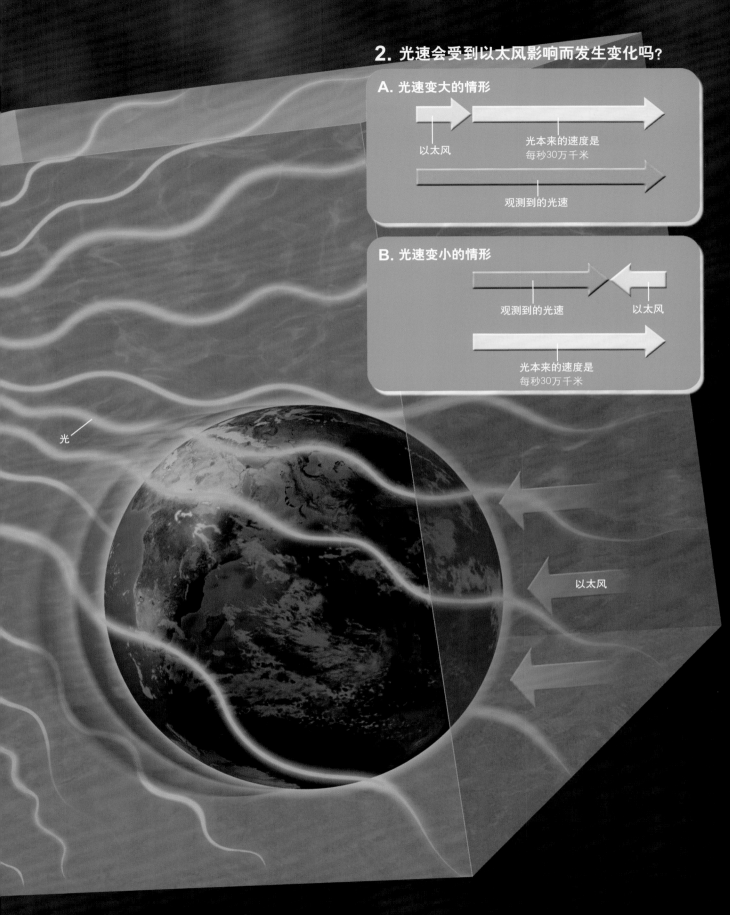

**2. 光速会受到以太风影响而发生变化吗?**

**A. 光速变大的情形**

以太风

光本来的速度是
每秒30万千米

观测到的光速

**B. 光速变小的情形**

观测到的光速

以太风

光本来的速度是
每秒30万千米

光

以太风

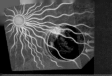

# 竞相进行证实以太存在的实验

美国科学家迈克耳孙和莫雷着手用实验来证实以太的存在。这里先用日常例子来解释一下他们的实验思想。

我们来分析一下海上的赛艇比赛（**1**）。只有两只赛艇A和B参加比赛，二者性能完全相同。比赛要求是，一开始，它们同时驶出起点大门，各自朝着不同方向，冲向各自的折返点A和B，到达以后，绕过折返点，再驶回大门，也就是终点。当然，为两只赛艇安排的行驶距离是一样的。海水条件是，有海流从折返点A流向大门。在这种条件下，赛艇A在"向前"驶向折返点A时，速度会减慢；而在从折返点"返回"驶向终点时，速度会加快（**2**）。至于赛艇B，它受到的是横向海流的影响，无论"向前"还是"返回"，速度都会被减慢少许（**3**）。就我们讨论的问题而言，重要的是，赛艇A和B受到海流的影响不同，它们到达终点的时间也会有所不同。

如24页所述，当时的科学家认为，地球在以太中运动，地球要受到"以太风"的影响。与赛艇例子做类比的话，"以太风"就相当于"海流"，"光"就相当于"赛艇"。如果地球真的是在以太中运动的话，那么，如同赛艇受到海流的影响，仅仅因为地球本身在运动（即存在着以太风），地球上测得的光的速度就应该变小。我们由此得到一个启示：如果真的存在着以太，那么，我们仿照赛艇比赛，假如能够在地球上安排一场"两束光的比赛"的话，就可以发现通过两条不同路径的光，到达的时间会有所不同。

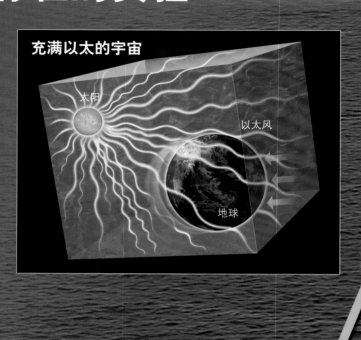

充满以太的宇宙

太阳

以太风

地球

折返点B

赛艇B

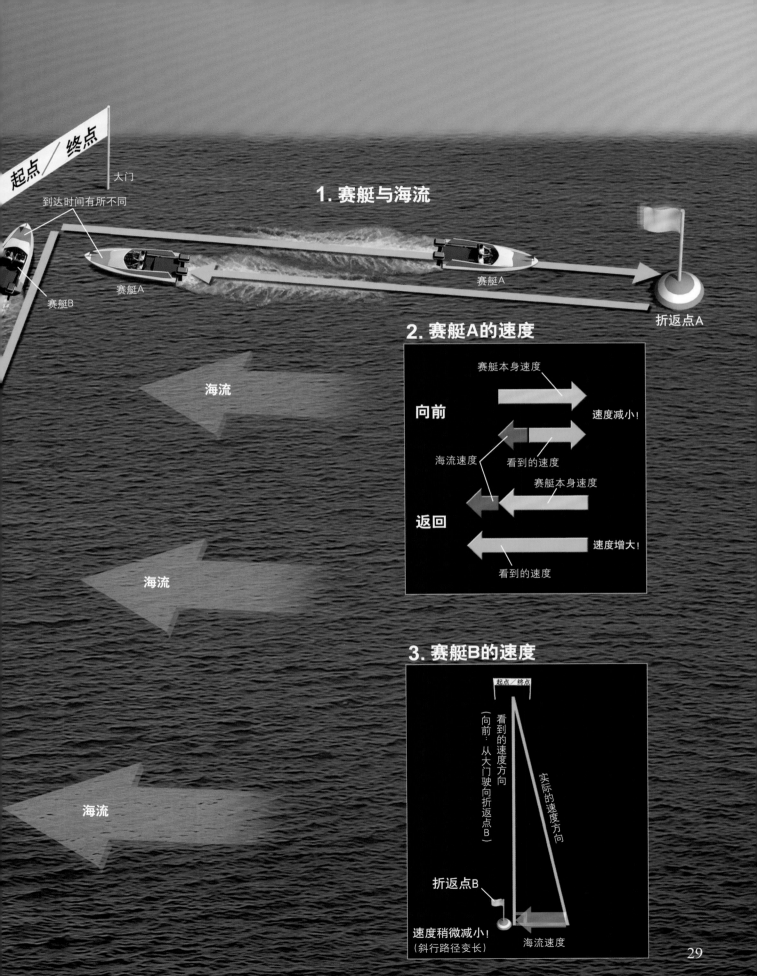

起点／终点

大门

到达时间有所不同

赛艇B

赛艇A

**1. 赛艇与海流**

赛艇A

折返点A

海流

海流

海流

**2. 赛艇A的速度**

赛艇本身速度

向前

速度减小!

海流速度

看到的速度

赛艇本身速度

返回

速度增大!

看到的速度

**3. 赛艇B的速度**

起点／终点

看到的速度方向

（向前：从大门驶向折返点B）

实际的速度方向

折返点B

海流速度

速度稍微减小!

（斜行路径变长）

# 以太风真的存在吗？

现在来介绍迈克耳孙－莫雷实验的原理。实验类似前面赛艇比赛的例子，安排两束光在以太风中行进，然后比较二者走过相同距离所花的时间。如果真的存在着以太，那么，与赛艇比赛的情形一样，应该观测到"光到达时间的差异"。

他们所做的实验如（**1**）中一样。从光源出来的一束光，先经过半透镜被分为两束光。半透镜是一种特殊的镜子，可以透过一半光，而反射另一半光。分离开来的两束光分别通过距离相等的两条路径，最后都到达同一个"光检测器"。请注意图上标示出的两束光所经过的路径A和B是不同的。

图1中的实验装置与赛艇比赛的类比（路径A和路径B），就是用蓝色方块标出的那一部分（**2**）。半透镜相当于大门。沿着路径A行进的光，在"向前"行进时是迎着以太风，"顶风行驶"；在"返回"时，是"顺风行驶"。沿着路径B行进的光，则总是受到的"横向风"的作用。换句话说，通过比较在地球运动方向上和垂直方向上两束光行进的速度，我们就能捕获由地球通过外层空间运动引起的以太风。

## 1 迈克耳孙－莫雷实验 （检验是否存在以太风的实验）

光检测器

到达时间
出现偏差

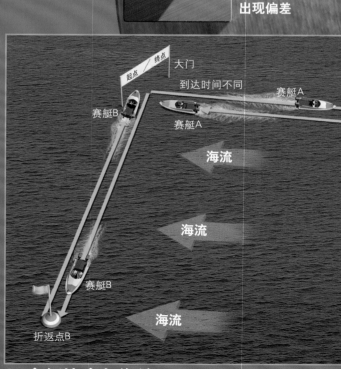

## 2. 赛艇比赛与海流

起点　终点　大门
到达时间不同
赛艇A

赛艇B

海流

赛艇A

赛艇B

海流

折返点B

海流

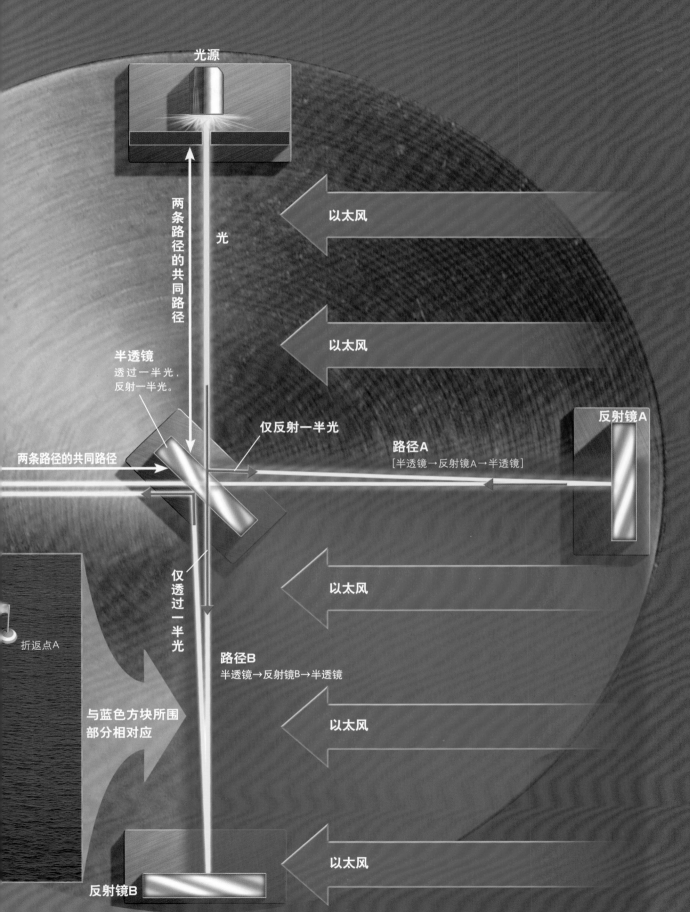

光源

两条路径的共同路径

光

半透镜
透过一半光，
反射一半光。

仅反射一半光

两条路径的共同路径

反射镜A

路径A
[半透镜→反射镜A→半透镜]

以太风

以太风

以太风

仅透过一半光

折返点A

路径B
半透镜→反射镜B→半透镜

以太风

与蓝色方块所围
部分相对应

以太风

以太风

反射镜B

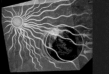

# 爱因斯坦否定了以太

于是，如果真的存在以太风，那么，同赛艇的情形一样，在迈克耳孙-莫雷用光所做的实验中（**1**），光经过不同路径A和B以后到达检测器的时间，就应该显现出差异。然而，反复进行多次实验，始终没有发现到达时间的差异。两束光总是"同时到达"。这项实验没有能够发现以太风的影响！

两束光所经过的路程一样，且总是"同时到达"，这就表明，尽管地球在运动，可是光的速度没有受到影响。

可以认为,这项实验证明了不存在什么以太。爱因斯坦据此否定了以太的存在（**2**）！

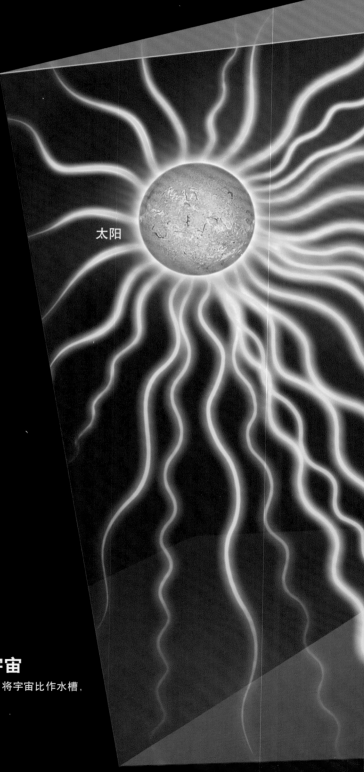

太阳

## 2. 没有以太的宇宙

本图与26页的图对应，将宇宙比作水槽，不过其中并没有以太。

# 1. 迈克耳孙-莫雷实验

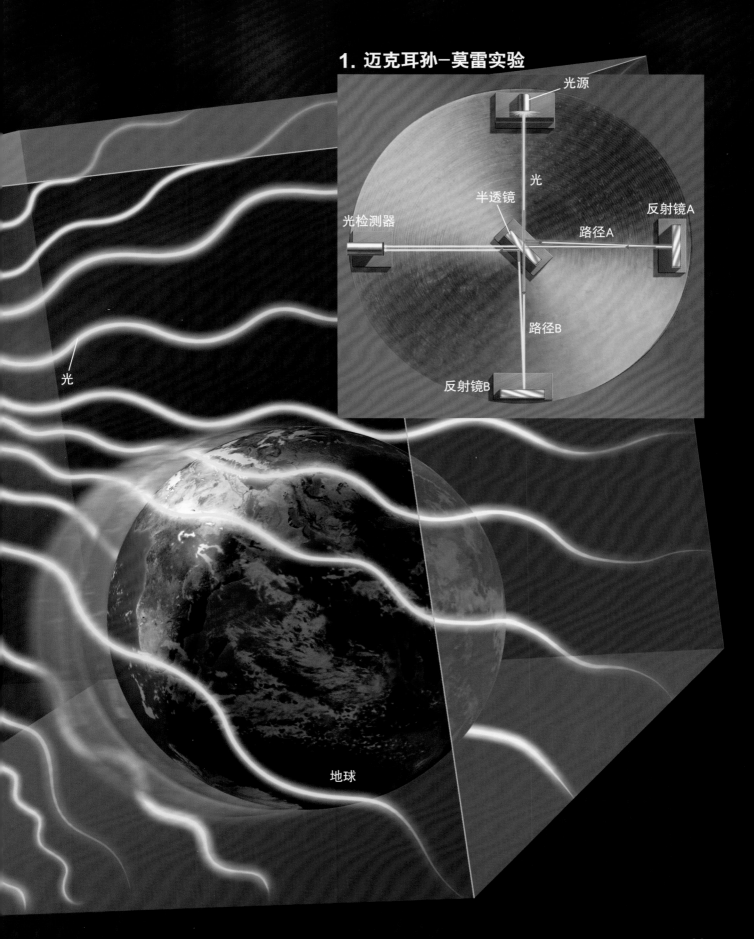

光源

光

半透镜

反射镜A

光检测器

路径A

路径B

反射镜B

光

地球

33

# 空间和时间都不是"绝对"的

爱因斯坦怀疑以太的存在，紧接着，他对同以太有着紧密联系的当时的一种常识，即"绝对坐标"（绝对空间），也产生了怀疑。

想到绝对坐标的是牛顿。牛顿认为，在宇宙的某个地方存在着完全静止的坐标（像插图一样的X、Y、Z轴），那就是"绝对坐标"。绝对坐标是考虑一切物体运动状况时所使用的一个参照物，即所谓的"参照系"。按照这种观点，从绝对坐标观测到的一个物体的速度，才是它的真正速度。

于是，前面所提到的那种传播光的以太，就被认为是相对于这个绝对坐标静止不动的。这就是说，当时只有相对于绝对坐标保持静止不动的人，他看到的光才是在以每秒30万千米的速度行进的。相对于绝对坐标运动着的人，他看到的光的行进速度，就会取决于其自身的运动情况，或者大于或者小于每秒30万千米。

然而，爱因斯坦否定了这个绝对坐标的存在！宇宙中没有了作为"参照系"的坐标，我们该用什么作为参照系来考察光或者物体的运动呢？

提到了绝对坐标，就不能不提到"绝对时间"。所谓"绝对时间"，是指在宇宙的任何地方都始终按照同样快慢流动着的一种时间。这也是牛顿的观点。测量时间的场所在运动，存在着引力，这些都不会对时间有丝毫影响。时间总是以同样的快慢，不受任何影响，始终如一地流动着。然而，绝对时间也被爱因斯坦否定了。

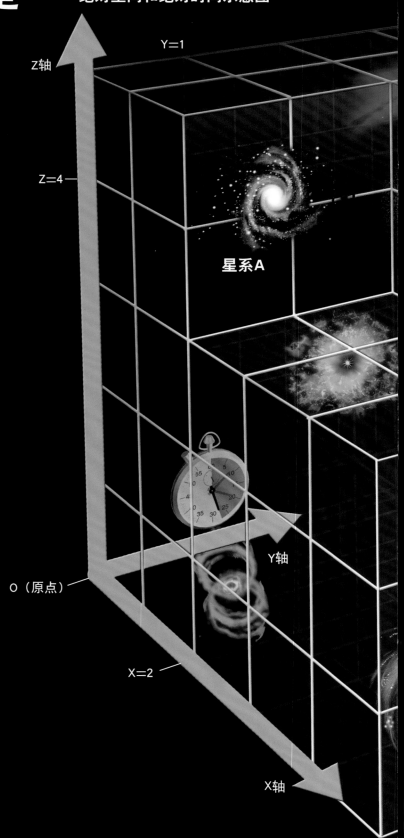

绝对空间和绝对时间示意图

Y=1

Z轴

Z=4

星系A

Y轴

O（原点）

X=2

X轴

艾萨克·牛顿
(1643～1727)

超高速飞行
的宇宙飞船

在任何地方，时间都按
相同的快慢流动。

运动着的星系

运动着的星系

运动着的星系

坐标是用来标明空间位置的一个框架，如图中那
个星系A的位置，就可以用X＝2、Y＝1、Z＝4三个
数值来表示。例如，即使在地球上，也是架起图
中那样的代表X、Y、Z三根轴线的"直棍"来建
立坐标。然而地球既有自转又有公转，固定在地
球上的坐标就不能说是绝对坐标。坐标中描绘的
几个时钟，都是按"绝对时间"设想的，无论在
哪儿，时间的流逝速度都是相同的。

# 爱因斯坦返回伽利略时代

爱因斯坦虽然否定了绝对坐标的存在，却非常重视一个著名的原理，即"伽利略相对性原理"。简单地说就是：在以恒定速度平稳行驶的电动列车上或者舟船上向上抛出的球，同车船保持不动时一样，也总是掉落到原来的手上。

我们先来介绍当初提出这个原理的一些背景。原来，在很长一段时间里，人们一直相信的是"地心说"。地心说认为，"地球是世界的中心，包括太阳在内的一切天体都在围绕着地球旋转"。在当时，地球被认为是宇宙中惟一保持不动的特殊场所。

可是，尼古拉·哥白尼（1473～1543）突然宣告，"太阳才是处在世界中心的位置，是地球在围绕着太阳旋转"，这就是所谓的"日心说"。当时一些坚持地心说的人对日心说进行了反驳。他们指出，"如果地球在动，因为浮在地面上方的空气总该是静止的，那么地球上便应该始终刮着大风"（**1**）；"竖直向上抛掷一个球，在它滞留空中那段时间，地球移动了位置，它就绝不应该掉回到原来的手上"（**2**）。也就是说，当时的人们认为，如果自己是动的，和静止的时候比，肯定会发生不同的现象。

## 2. 如果日心说正确，球怎么会竖直掉落到手上

竖直向上抛球

持地心说的人反驳：如果地球在动，竖直上抛的球就不应该落回到手上。

地球运动的方向

# 专注于伽利略相对性原理

后来，伽利略·伽利雷（1564～1642）以在船上抛球的情形为例子，他说："在一艘船上，无论它是静止，还是运动，从桅杆（用来张挂船帆的木杆）高处掉落的一个球，总是要竖直落下（**1**）。"说明尽管地球在运动（**2**），也不会出现地心说支持者所指出的那种情况。这就是说，**伽利略认为，"无论是在静止情况下，还是在以恒定速度运动的情况下，物体的运动都不会有任何不同"**。这就是"伽利略相对性原理"。

根据伽利略相对性原理，即使日心说是正确的，即地球在动，从地面向上抛出的球也会返回手中（**3**）。爱因斯坦建立相对论所依据的相对性原理就是以伽利略相对性原理为原型的，在后面还要做进一步的介绍。

太阳

## 1. 即使在运动的船上，球也会竖直下落

**2. 日心说**

围绕太阳公转的地球

**3. 即使日心说是正确的，球也会落回手上**

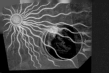

相对论诞生前夕
# 相对性原理 ①

# 静止或匀速直线运动的场所是基础

伽利略相对性原理在日常生活中就可以体验。我们继续以上抛球为例做更详细的分析。

站在地上竖直向上抛掷一个球，它一定会落回到手中（**1**）。那么，要是在相对于地面以恒定速度笔直行驶（匀速直线运动）的列车上这样抛球，结果又会如何（**2**）？实际试一试就会知道，只要电动列车保持同样的速度，而且不摇晃，那么，同在地面上一样，上抛球仍然会落回到手中（**3**）。

上抛球落回手上

## 3. 在列车上向上抛球

## 1. 在地面向上抛球的情形

上抛球落回手上

40

也就是说，球的运动与在地上的情况完全一样。

上抛球只是物体运动的一个例子。实际上，任何形式的运动，它的匀速直线运动部分，都会被这样抵消。因此，可以把伽利略相对性原理表述如下：适用于静止情况下的物体运动的那些运动定律，在作匀速直线运动的情况下依然成立。

那么，在列车加速的时候向上抛球，结果又将如何？这时，座位上的乘客会被靠背推着，同列车一起向前加速。但是正在空中的球，受不到列车的推力，将滞留在前进方向原来的位置，从而回落不到手上。列车摇晃或者拐弯，道理一样，上抛球也不会掉落手中。这就是说，伽利略相对性原理只有在静止和作匀速直线运动的场所才成立。

## 2. 匀速直线运动的列车

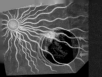

# 相对性原理也适用于光

　　不过，在站在地上的人看来，在电动列车上竖直上抛的那个球，它的运动轨迹实际上是一条"抛物线"（**1**）。因为列车上的人和球是以完全相同的速度随着列车一起行驶，所以，车上抛球的人会刚好追赶上向前运动的球，因而觉察不到球在向前运动，他看到球的运动仍然是直上直下的。这就是（**2**）表示的情况，用算式写出来就是："抛物线运动－匀速直线运动＝自由落体运动。"

　　上抛球只是物体运动的一个例子。实际上，任何形式的运动，它的匀速直线运动部分，都会被这样抵消。因此，可以把伽利略相对性原理表述如下：适用于静止情况下的物体运动的那些运动定律，在作匀速直线运动的情况下依然成立。

　　爱因斯坦把伽利略相对性原理的思想进一步发展，得出以下结论："适用于静止情况下的一切物理定律，在作匀速直线运动的情况下都依然成立"。这就是爱因斯坦的"（狭义）相对性原理"。

　　爱因斯坦的这个相对性原理是他的狭义相对论的基础之一，从58页开始的"狭义相对论入门"中，我们还要对此做详细介绍。

从车外看，上抛球的运动轨迹是一条抛物线。

地面上的观测者

**1. 站在地面看到的在车上向上抛球的情形**

**2. 球的合成轨迹**

抛物线运动

匀速直线运动

**自由落体运动**
仅仅受到重力作用时的下落运动

# 一切惯性系均等效 ①

# 考虑绝对坐标是没有意义的

如果牛顿关于"绝对坐标"的观念是正确的，那就意味着宇宙中会有一个静止不动的场所，那它究竟在什么地方呢？

早先曾经有过地球围绕静止不动的太阳旋转的看法（**1**），可是，太阳不过是银河系中约2000亿颗恒星中的一颗。银河系一直在旋转，太阳就在银河系内大约2亿年旋转一周（**2**）。

此外，银河系附近还有许许多多像仙女星系那样的其他星系，它们在彼此引力的作用下，正在相互靠近（**3**）。这些星系又被位于水蛇座方向的一个"巨大引力源"吸引，正在向该方向飞奔而去。由此可见，我们实在无法找到一个真正处于静止的地方。

爱因斯坦认为，关于宇宙中存在静止场所的观念，亦即考虑绝对坐标，是毫无意义的。例如，前面讨论的"上抛球"的例子中，无论在地面，还是在作匀速直线运动的列车上，向上抛出的球同样是落回到手中。既然地球在运动，那么，也就没有理由特别把地面看作是"静止的"。也就是说，**即使在宇宙中有"静止"的地方，相对于那个地方进行匀速直线运动的地方，也同样可以看作是"静止的"。**

下面我们将继续考虑这个问题。

太阳

地球

## 2: 太阳在银河系里作圆周运动

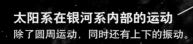

**太阳系在银河系内部的运动**
除了圆周运动，同时还有上下的振动。

# 1. 地球围绕太阳旋转

银河系

向水蛇座方向的
巨大引力源运动

## 3. 银河系也在运动

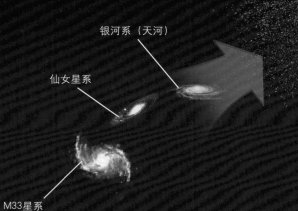

银河系（天河）

仙女星系

M33星系

# 惯性系与静止的地方相同，一切定律都成立

那么，有两艘都在作匀速直线运动的宇宙飞船正在什么也没有的空间相向交错而过（1）。在这种情况下，你能够说哪一艘飞船在运动，哪一艘是静止的吗？由于除了两艘飞船再没有其他可以参照的物体，这里根本就无法说谁在运动，谁处于静止。在彼此相对作匀速直线运动的不同场所之中，不可能决定哪一个场所处于静止状态。

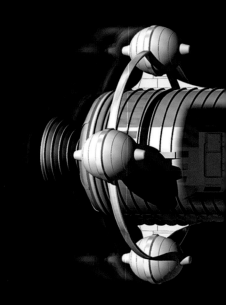

假定在宇宙飞船内有一个苹果，它原来如果是静止的，不给它加力，它就保持不动。但是这个苹果一旦动起来，那么在碰到舱壁以前，它就会以恒定的速度笔直向前运动（1）。这个规律被称作"惯性定律"。凡是保持静止或者作匀速直线运动的场所都叫做"惯性系"，惯性系就是惯性定律成立的场所。

不过，一旦宇宙飞船开始加速，原来静止的苹果，在飞船内部的人看来，就会向着与加速方向相反的方向运动。由此可见，正在加速的场所不是惯性系（2）。

利用惯性系这个概念，爱因斯坦把他的相对性原理表述如下：

**"在任何一个惯性系中，一切物理定律都与在静止场所一样，依然成立。"**

这是一个非常重要的原理，务必要把它记住。

## 2. 加速的宇宙飞船不是惯性系

加速方向

与加速方向相反方向的力

## 1. 相向飞行的宇宙飞船（匀速直线运动）

被推动的苹果以恒定速度
沿直线不停飞行

失重状态

苹果

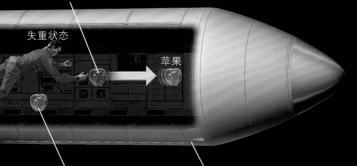

静止的苹果
始终保持静止

两者都是"惯性系"

苹果 失重状态

被推动的苹果以恒定速度
沿直线不停飞行

47

# 无论谁观测到的光速都相同！

无论谁进行观测，漂浮在空间的宇航员也好，乘坐在以接近光速飞行的宇宙飞船里的人也好，站在围绕太阳以每秒30千米速度旋转的地球上的人也好，他们测得的光的速度都是同样的，即每秒30万千米。假定有一艘行驶速度为10万千米／秒的宇宙飞船正在追赶光，从飞船看到的光速绝不是20万千米／秒，而依然是30万千米／秒。不仅如此，不论光源（发光体）朝什么方向、以什么速度运动，它发出的光也总是以每秒30万千米的速度行进。

相信以太的人认为"光相对于以太以每秒30万千米的速度行进"，而爱因斯坦则根本否定有以太存在。那么，光相对于什么东西以每秒30万千米的速度行进呢？

迈克耳孙和莫雷两人的实验证明了"光的速度不受地球运动的影响"，于是爱因斯坦提出，"观测场所不论在以什么速度运动，总是会观测到光以同样的速度行进"。也就是说，无论对于谁，光都是以每秒30万千米的速度行进。这就是与"相对性原理"一起成为狭义相对论的基础的"光速不变原理"。

这当然违背了通常关于速度的常识。与20页所介绍的声波速度以及站在移动步行带上的旅客的速度都不同，光速原来具有非常奇特的性质。也就是说"**光速与观测场所的运动速度和光源的运动速度均无关系，保持固定，始终为每秒30万千米**"。

这个结论已经为实验所证实。我们只能认为，不知为什么，"在宇宙中，不论谁进行观测，光速都是一样的"。

本来，"速度"的定义是"行进的距离÷所花的时间"。光速不变原理颠覆了我们关于速度相加的常识——那也是无可奈何的事情。

具有独创精神的爱因斯坦，在他建立"狭义相对论"的过程中，连带着也彻底颠覆了关于时间和空间的常识。

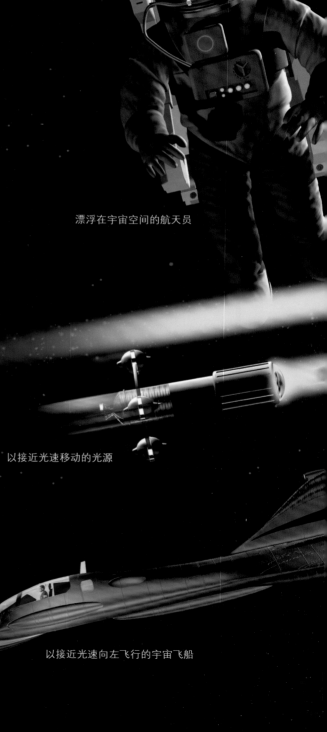

漂浮在宇宙空间的航天员

以接近光速移动的光源

以接近光速向左飞行的宇宙飞船

**无论在哪里观测，光的速度都是每秒30万千米**

围绕太阳以每秒30千米的速度运动的地球

太阳

以接近光速移动的光源

光

光

以接近光速向右飞行的宇宙飞船

 # 光究竟是什么？

**学生**：我不太清楚光的本质。光究竟是什么？

**教授**：光的本质是电磁波。无线电波、红外线、可见光、紫外线、X射线、伽马射线等全都是仅仅波长不同的光的"伙伴"。

**学生**：什么是电磁波？

**教授**：这个问题稍微有点难。电磁波是电场与磁场的振动在空间传播的现象。电场是指带电物体周围等"能够带来电力的空间"，磁场是指磁铁周围等"能够带来磁力的空间"。在电场中放置带电粒子（电子或离子等）的话，则会受到电场的作用力。而且，当带电粒子在磁场中运动时也会受力。因此，如果电磁波的通道上存在带电粒子的话，电磁波就会导致带电粒子振动。反过来说，如果带电粒子振动的话，则会产生电磁波。例如，电流是带电粒子电子的流动，所以电流方向及大小改变的话，就会产生电磁波（无线电波）。

**学生**：的确不好理解。总之，光与无线电波一样，都是波。

**教授**：光不是单纯的波，还具有"粒子性"。爱因斯坦在有关光性质的理论中提出，光存在不能再分割的"最小的能量单位"。这就是光子。光在整体上以波的形态运动，但有时以粒子的形态运动，是一种不可思议的存在。

**学生**：实在难以想象"光既是波又是粒子"。不过，光以外的电磁波也都是以光速，即每秒大约30万千米的速度传播的吗？

**教授**：是的。电与磁的理论"电磁学"的创建者、英国物理学家詹姆斯·麦克斯韦（1831～1879）发现光（可见光）是电磁波的一种。

**学生**：电磁波都不需要介质吗？

**教授**：是的。电磁波不是物质的振动，而是在真空中也能产生的电场与磁场的振动，所以在真空中也能传播。

**学生**：电磁波的"波"与声音等的"波"是不同的。不过，我感觉光速好像可以改变。

**教授**：光速不变原理并不是这个意思。光在没有任何物质的真空中传播时，速度为"光速"。但当光穿过某种物质时，其速度会根据物质的性质而变化。在折射率大的物质中，光的速度会变慢。由于光是一种电磁波，因此，会被物质中的电子等的电场扰乱，传播速度会变慢。

**学生**：具体来说，速度会变慢多少呢？

**教授**：例如，光在水中的传播速度大约为每秒23万千米，在钻石中的传播速度则减少到每秒大约12万千米。美国哈佛大学莉娜·豪（Lene Hau）博士等人的最前沿研究把光速成功降低到每秒17米。

光速与发光光源的运动速度及观测者的运动速度没有任何关系，总是恒定不变的。无论从以接近光速飞行的宇宙飞船上来看，还是从漂浮在宇宙中的人来看，甚至从公转的地球上来看，光速都是恒定不变的，总是每秒30万千米（准确地说，约每秒299792千米）。

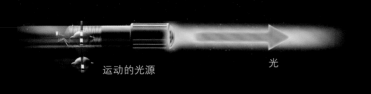

运动的光源　　　　　　　　光

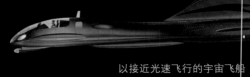

以接近光速飞行的宇宙飞船

运动的光源　　　　　　　　光

漂浮在宇宙中的人

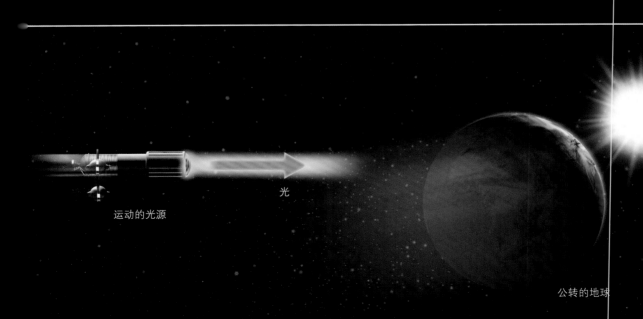

运动的光源　　　　　　　　光

公转的地球

# ⑤ 光速不变原理通过什么实验得到了证实？

**学生**：尽管光速不变原理得到了实验证实，但具体是怎样证实的呢？

**教授**：例如，欧洲核子研究组织（CERN）在1964年开展的加速器实验成功测量了以光速的99.975%飞行的光源（π介子）发出的光的速度。

**学生**：这样的话，我总觉得应该在光速99.975%的基础上再加上光速。

**教授**：结果并不是这样的。实验结果证实，光的速度还是每秒大约30万千米，并没有加上光源的运动速度。

**学生**：原来如此，确实通过实验证实了。还有其他例子吗？

**教授**：虽然不是光，但可以举一个也是电磁波的无线电波，即GPS卫星的例子。

**学生**：第50页介绍说，包括光与无线电波在内的所有电磁波在真空中的传播速度都是恒定不变的。

**教授**：是的。卫星围绕着地球运转，汽车在地球上运动，而且地球也在自转。如果把发信息方和接收方的速度与无线电波速度简单相加减的话，汽车接收到的无线电波速度就会根据卫星与汽车及地球的运动方向和速度而眼花缭乱地变动。

**学生**：实际上是不会出现这种情况的。

**教授**：是的。汽车导航根据"距离＝（无线电波的）速度×时间"来计算汽车与卫星之间的距离，并以此为基础推断出汽车现在的位置。计算的前提条件是无线电波速度总是每秒30万千米（准确地说，每秒299792.458千米），完全没有设想过无线电波的速度会变动。

**学生**：如果无线电波速度变化的话，导航所显示的现在位置就会有偏差吧？

**教授**：是的。根据卫星的运动与地球自转之间的关系计算的话，偏差大的时候甚至会达到100米左右。

**学生**：实际上不会出现这种情况吧。

**教授**：的确如此。汽车导航的实际偏差大约为十几米，不会出现上面所说的那么大的偏差。这是因为无线电波的速度总是恒定不变的，不会因发信息方（卫星）或接收方（地球）的运动速度而变动。可以说，这也是光速不变原理的一个例子。

注：光速不变原理只在真空中才成立，所以，严格地说，当光或无线电波穿过地球表面附近的电离层或大气时，其速度会因电离层或大气状态而变化。其中，无线电波在电离层中的速度偏差会导致GPS产生4米左右的误差。

## 加速器实验证明"接近光速+光速=光速"

用加速器加速后的质子轰击铍，产生 π 介子。π 介子的飞行速度为光速的 99.975%，但其"寿命"非常短，很快就会衰变，释放出2个光子（光）。设置在光行进方向上的2个探测器探测到光，并根据所记录的时刻以及探测器之间的距离来测定光速。结果表明，光速依然是每秒约30万千米。

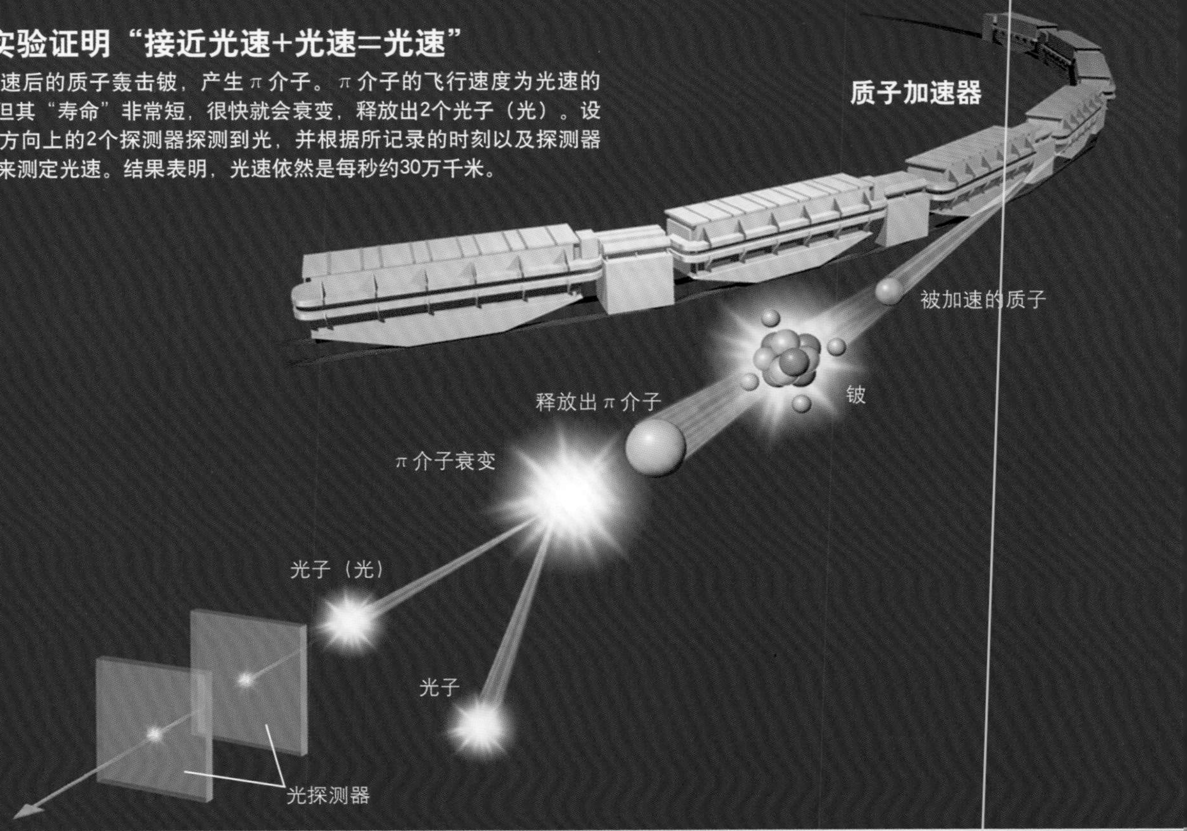

**质子加速器**

被加速的质子

铍

释放出 π 介子

π 介子衰变

光子（光）

光子

光探测器

## GPS卫星发射的无线电波速度是恒定不变的

研究认为，GPS卫星发射的无线电波速度不会根据卫星自身的运转速度、汽车的运动速度以及地球的自转速度相加减，而是恒定不变的，总是每秒约30万千米。假设速度相加减的话，计算表明卫星与汽车接近时的最大速度约为每秒1.5千米，是无线电波速度（每秒约30万千米）仅仅20万分之1。考虑到卫星与汽车之间的距离（超过2万千米），导航所显示的位置误差会超过100米。

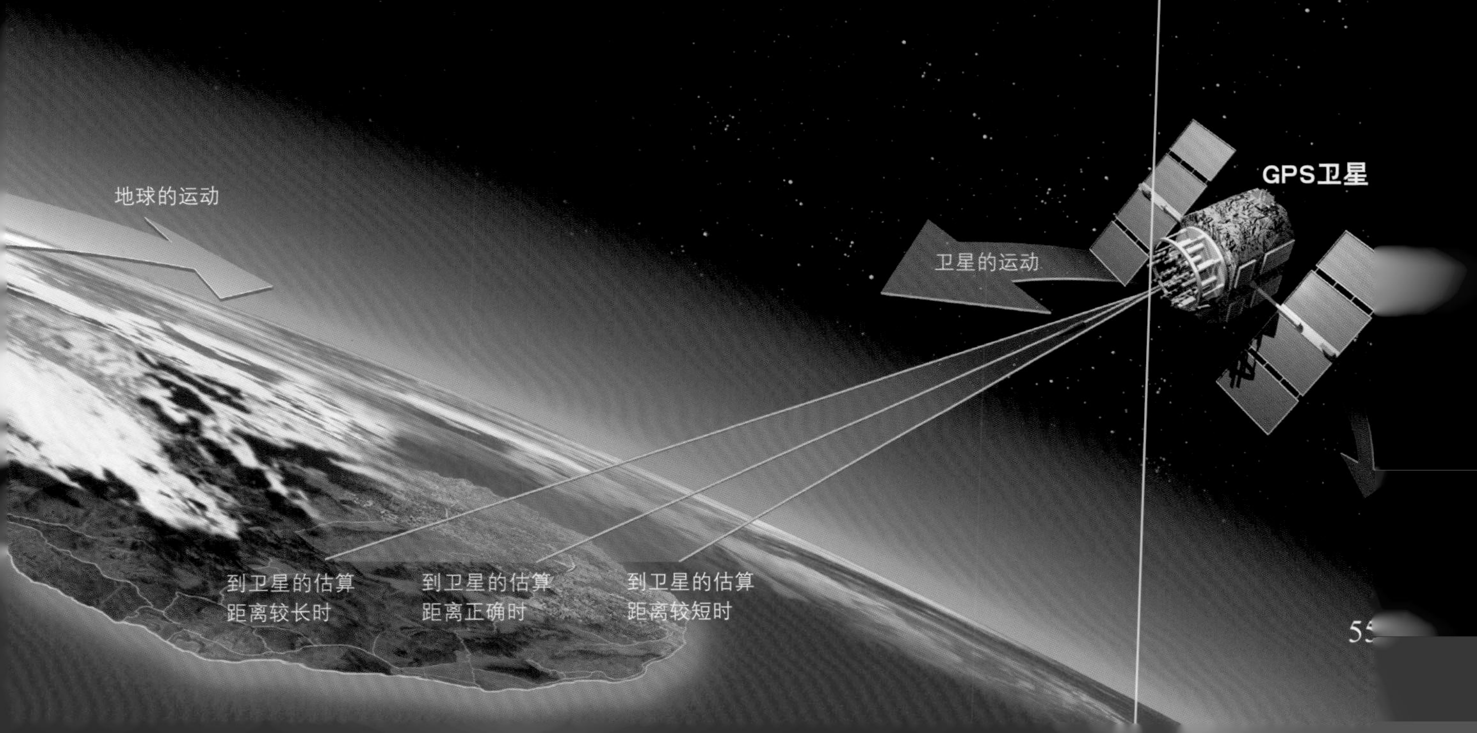

地球的运动

**GPS卫星**

卫星的运动

到卫星的估算距离较长时

到卫星的估算距离正确时

到卫星的估算距离较短时

# 小结

这里归纳出了"相对论诞生前夕"内容的要点。"相对性原理"和"光速不变原理"是理解下面"狭义相对论入门"内容的两把钥匙。懂得了这两个原理的真正意思，就不难懂得狭义相对论的基本思想。

## 1 围绕以太的争论

（第22～27页）

在相对论问世以前，当时的科学家认为，宇宙中充满了一种传播光的介质——"以太"。

如果存在着以太，地球就是在"拨开"以太行进。

那么，在地球上就应该迎面经受一种"以太风"。科学家尝试着去查出这种以太风的影响。

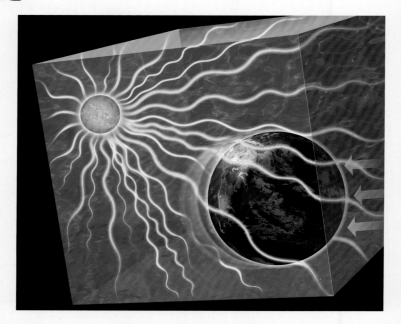

## 2 实验否定了以太的存在

（第28～35页）

如果存在着以太，由于有以太风的影响，光速就应该变大或者变小。但是，迈克耳孙-莫雷实验没有发现以太风。光速不增不减，总是保持一样。这就意味着没有以太风，也就是说根本不存在什么以太。

牛顿认为宇宙中有一个作为参照物的静止坐标，以太对于这个"绝对坐标"是静止不动的。爱因斯坦不仅认为没有以太，也怀疑绝对坐标的存在。

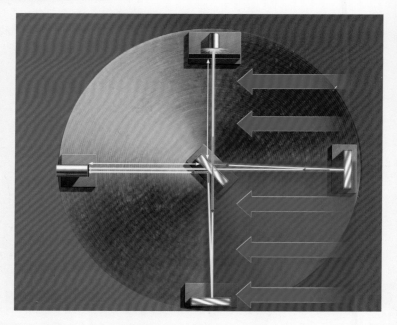

# 3 匀速直线运动＝静止（相对性原理）

（第36～47页）

　　爱因斯坦认为，宇宙中绝不会有绝对静止的场所，从而否定了牛顿的绝对坐标。

　　因而，他认为"任何'惯性系'都与静止场所（坐标）没有区别"。这就是"相对性原理"。所谓惯性系，就是静止的或作匀速直线运动的场所。

　　爱因斯坦把"相对性原理"作为建立他的狭义相对论的两个基础之一。

# 4 光的速度总是保持一定（光速不变原理）

（第48～49页）

　　没有以太，那么光相对于什么东西以每秒30万千米的速度传播呢？爱因斯坦认为，"光对于谁都是以每秒30万千米传播"。这个"光速不变原理"也是狭义相对论的基础之一。

　　即使观测者在移动，或者光源在移动，光对于观测者总是以每秒30万千米的速度行进。

# 狭义相对论入门

正如第 2 章所介绍的那样，爱因斯坦提出了一个令人震惊的结论：对任何观测者来说，光速总是恒定不变的。根据光速不变原理以及同在第 2 章介绍的相对性原理，可以推导出狭义相对论，并得出"时间与空间的膨胀和收缩"的结论。在第 3 章中，我们将探索非常离奇的狭义相对论的世界。

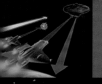

# 我的同时和你的同时相同吗？

从这里开始，我们就进入到以"相对性原理"和"光速不变原理"两个原理为基础的狭义相对论世界了。**我们务必记住，根据相对论，"谁在看"（谁在观测）是一件非常重要的事情。**

在行驶的列车内向上抛球的例子中（40~43页），车上的乘客看，球走的是直上直下的轨迹；但是，在地面的人看到它走的却是一条抛物线。同一个球的轨迹因观测者不同而不同。同样，根据狭义相对论，"时间"也因观测者不同而不同！

（**1**）是假想的一种情形。在月面上看，一艘宇宙飞船正在以接近光速的恒定速度向右飞行。在宇宙飞船内部的正中央有一个光源，在它左右相同距离处分别安放有两个光检测器。光检测器只要接收到光，联动装置就会触发发射装置，立即发射出信号弹。

先来分析从宇宙飞船进行观测的结果（**2**）。根据"相对性原理"，对于飞船内的观测者A来说，月球在运动，自己的飞船保持静止，那么，根据"光速不变原理"，光源向左

## 1. 假想情况

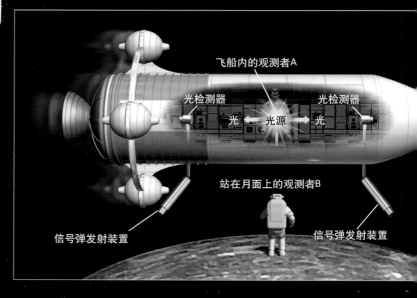

飞船内的观测者A

光检测器　光　光源　光　光检测器

站在月面上的观测者B

信号弹发射装置　　　　　　信号弹发射装置

## 3. 从飞船上看，前后两个发射器同时发出信号弹

光检测器

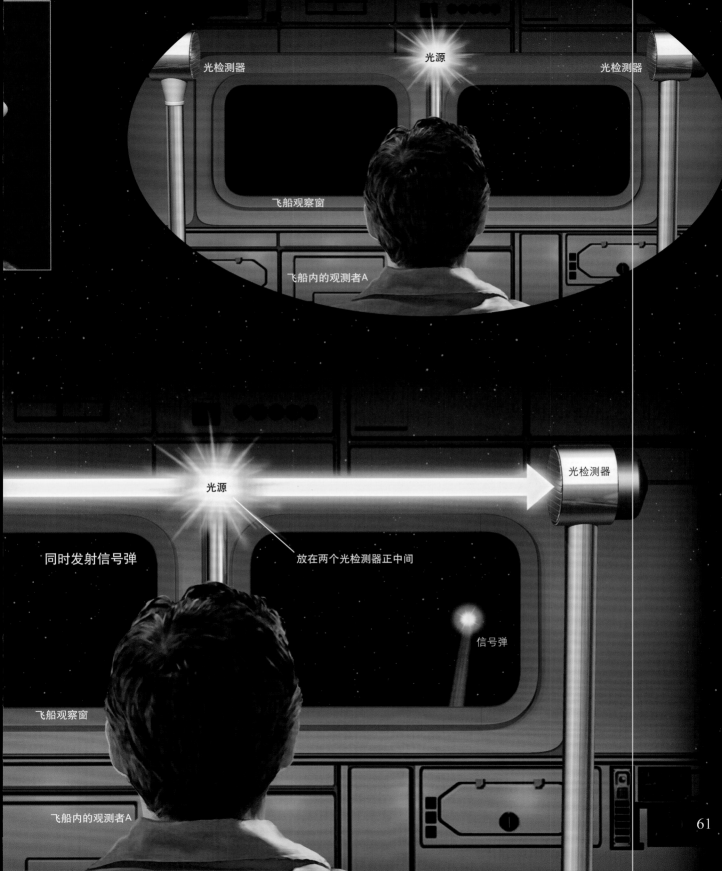

光检测器　　　光源　　　　　光检测器

飞船观察窗

飞船内的观测者A

同时发射信号弹　　　　　　　　　　　　　光检测器

光源

放在两个光检测器正中间

信号弹

飞船观察窗

飞船内的观测者A

# 每一位观测者都有自己的时间

那么，与前一页的情况相同（**1**），这次从站在月面上的观测者B的角度来看是怎样的呢（**2**）？

根据"光速不变原理"，光的行进速度不受飞船（光源）移动的影响，在月面上观测，光向左和向右两个方向行进的速度仍然相同。可是，飞船正在以接近光速向右飞行，那么，左侧光检测器是迎向射来的光移动，而右侧光检测器是远离射来的光移动。结果，对于月面上的观测者B而言，光会早进入左侧光检测器；早触发左侧发射器而提前发出信号弹；光会晚进入右侧光检测器，晚触发右侧发射器而推迟发出信号弹。这就是说，**对于飞船内的观测A，信号弹是同时发射的，而对于月面上的观测者B，信号弹却不是同时发射的（同时性的相对性）！换句话说，观测者A和B各自具有"不同的时间"。**

这个结论如果按日常经验判断，简直不可思议。然而，只要相对性原理和光速不变原理是正确的，就必然会引出这个结论。

## 1. 假想情况

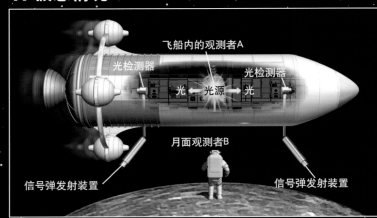

飞船内的观测者A
光检测器　光检测器
光　光源　光
月面观测者B
信号弹发射装置　　信号弹发射装置

### 满足细心读者的补充说明

由于光的速度是有限的，"光进入右侧光检测器"的情景要花一定的时间才能够（借助光）到达月面观测者B的眼睛，被他知晓。因此，在右侧光检测器和左侧光检测器与月面观测者之间的距离不相等的情况下，观测者B实际看到光到达两个光检测器的时刻还会出现额外的时间差，不过这部分时间差与相对论无关。

这种现象分析起来十分复杂。本专辑是在分析从不同立场观测的结果，因此，"观测者在计算光到达两个光检测器的时间差时，应该扣除掉这部分时间差"。扣除后得到的才是光到达两个光检测器的时间差，它仍然体现了同时性的相对性和由此而产生的其他相对性效应。这些都是相对论的令人惊讶的预言。

## 2. 从月面观测，信号弹不是同时发射的

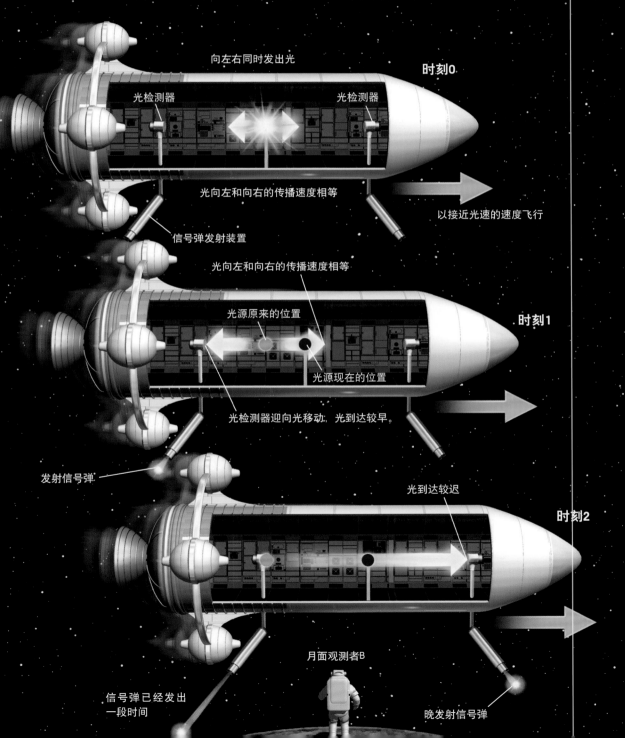

向左右同时发出光

时刻0

光检测器　　　　　　　　　光检测器

光向左和向右的传播速度相等

以接近光速的速度飞行

信号弹发射装置

光向左和向右的传播速度相等

光源原来的位置

时刻1

光源现在的位置

光检测器迎向光移动，光到达较早。

发射信号弹

光到达较迟

时刻2

月面观测者B

信号弹已经发出
一段时间

晚发射信号弹

# "同时性的相对性"是什么意思?

**学生**：我不能理解狭义相对论中的"同时性的相对性"。例如，在下图中，对以接近光速飞行的宇宙飞船内的观测者来说，同时发射了两个信号弹，但对于月球上的静止观测者来说，却不是同时发射的？

**教授**：关键在于"谁来看"以及"观测者位于哪里"。变换观测者时，彻底忘掉前一个观测者尤为重要。而且，根据光速不变原理，无论观测者或光源如何运动，光速总是恒定不变的。

**学生**：在1a~1c中，右侧的探测器的确会远离光而去，但光源与探测器之间的距离总是不变的吧？那样的话，可以想象光不会延迟抵达。

**教授**：由于光源的运动不会影响光速，所以，只有光源发出光那一瞬间的

## 1. 从月球上看，信号弹不是同时发射的

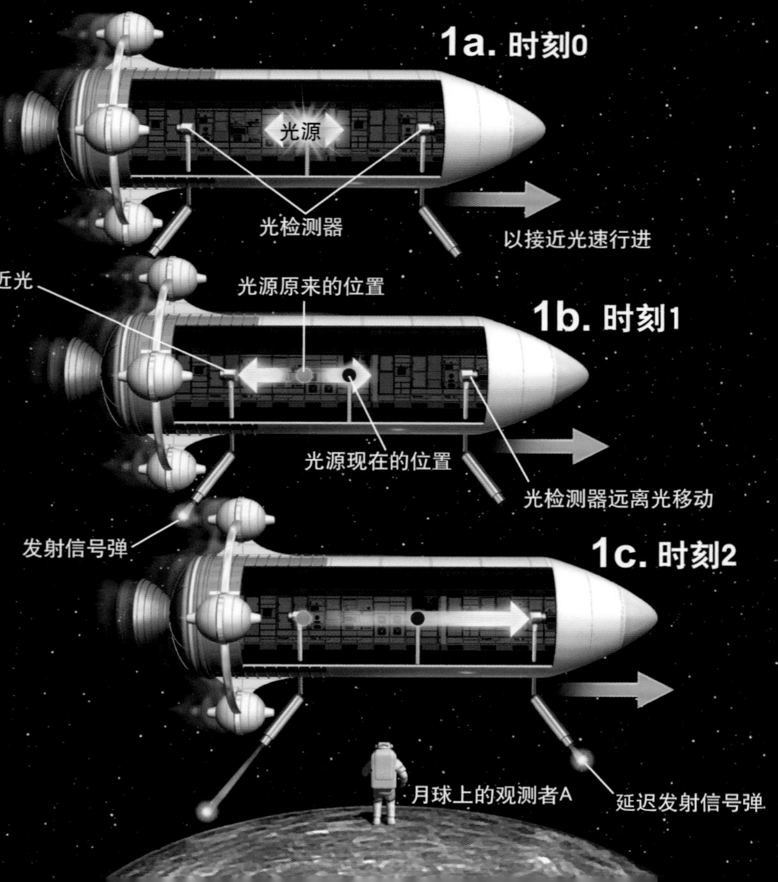

从月球上看，宇宙飞船以接近光速的速度向右方行进。当光抵达设置在宇宙飞船左右两侧的光检测器后，飞船会立即发射信号弹。首先，我们站在月球上的观测者A的立场上考虑。宇宙飞船中央的光源发光（**1a**）。根据光速不变原理，在观测者A看来，光速与光源的运动无关，而以相同的速度向左右传播。从月球上来看，由于宇宙飞船在光传播期间也在向右飞行，所以，左侧的光检测器更接近光，光抵达的时间较早（**1b**）。另一方面，右侧的光检测器远离射来的光移动，因此光抵达的时间较晚（**1c**）。结果，在观测者A看来，信号弹不是同时发射的。接下来，站在宇宙飞船内的观测者B的立场上考虑。根据光速不变原理，在观测者B看来，光以相同的速度向左右传播（**2a**）。因此，光同时抵达距光源相同距离的左右两个光检测器（**2b**）。结果，在观测者B看来，宇宙飞船同时从左右两侧发射信号弹。如上所示，对于以接近光速飞行的宇宙飞船内的观测者与月球上的观测者来说，"同时"并不一致。

**1a.** 时刻0

光源

光检测器

以接近光速行进

**1b.** 时刻1

光检测器靠近光

光源原来的位置

光源现在的位置

光检测器远离光移动

**1c.** 时刻2

发射信号弹

月球上的观测者A

延迟发射信号弹

位置才重要，之后根本不用考虑光源位于哪里。

**学生**：哦，原来如此。在**2a**、**2b**中，宇宙飞船实际上在运动吗？从月球上来看，光速在左右方向上是相同的，所以，如果宇宙飞船在运动的话，会导致宇宙飞船内的光速在左右方向上产生不同吧？

**教授**：从常识上来说，的确会这么想。不过，我们必须把光速不变原理当作考虑问题的最根本基础。对任何观测者来说，光都是以恒定的速度行进的。可以说，作为光速不变原理成立的结果，两者的"同时"会产生分歧。

**学生**：如果"同时性的相对性"是真的话，不会出现奇怪的现象吗？例如，假设一辆车从南边进入十字路口，另一辆车从西边进入十字路口，两辆车发生了碰撞。在另外的观测者看来，两辆车没有同时进入十字路口，也没有发生交通事故，这种情况可能吗？

**教授**：不会出现这种情况。在同一地点同时发生的现象在任何观测者看来都是同时的。狭义相对论所说的同时性的相对性是针对"在远离的地方发生的两个现象"才成立的。上图中，为了让光到达探测器的时间出现差别，两个探测器必须相隔一定的距离。此外，某种现象的原因和结果也不会因观测者而更换。结果不可能出现在原因之前。

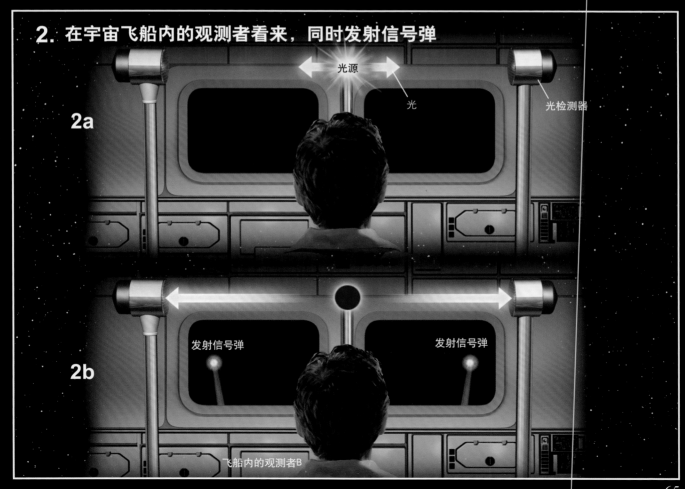

**2. 在宇宙飞船内的观测者看来，同时发射信号弹**

光源　光　光检测器

**2a**

**2b**　发射信号弹　发射信号弹

飞船内的观测者B

# 在两个立场上考察"时间变慢"

下面来讨论狭义相对论的一个核心问题"时间流逝变慢"（时间膨胀）。我们考察从月面观测正在以每秒24万千米的速度（光速的80%）向右飞行的一艘宇宙飞船（**1**）。在飞船上和在月面上都各自安放有一个"光时钟"。所谓光时钟，是在其上下两端各有一面反射镜，利用光在两镜面之间来回反射来测量时间的一种装置（**2**）。在下端镜面位置安装一个光源。假定光从下镜面抵达上镜面的瞬间代表时间过了1秒钟[注]。

先来分析飞船上的观测者A如何看待飞船内的那个光时钟（**3**）。根据"相对性原理"，匀速直线运动的飞船与静止的飞船没有什么不同，从光源发出的光笔直向上传播。再根据"光速不变原理"，此时光的速度是每秒30万千米。在静止的情况下，也就是说在月球上看光时钟的话，不会发生什么改变。同样，**对于观测者A来说，自己周围的时间的流逝，也总是像往常一样。**

但是，从月球上的观测者B来看观测者A的时间，就会产生"时间膨胀"。我们在下页确认这件事情。

## 1. 以光速的80%飞行的宇宙飞船

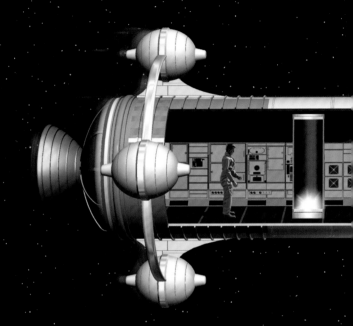

## 2. 光时钟

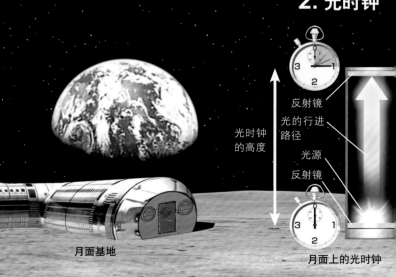

反射镜

光的行进路径

光源

反射镜

光时钟的高度

月面基地

月面上的光时钟

注：在这个假设中，光时钟的高度要增加到30万千米，这是为了说明方便。

从月面观测者B看，光以每秒30万千米的速度行进。

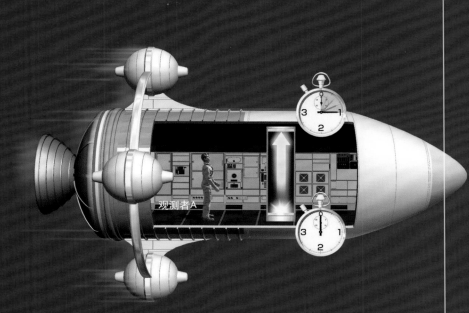

观测者A

**3.** 从飞船上看，光笔直向上行进

月球上的观测者B

# 越接近光速，时间流逝越慢

现在再来分析月面观测者B如何看待这件事情。宇宙飞船内的那个光时钟，从光源发出光到它抵达上镜面这段时间，飞船一直在向右移动，因此，光应该是沿斜线传播的（**1**）。根据"光速不变原理"，在月面上观测，那里的光仍然应该是以每秒30万千米的速度传播。

这里重要的是，光的斜行路径显然要比光时钟上下两镜面之间的垂直距离（高度）长。于是，由于月面上光时钟里的光也是以光速传播的（**2**），当它记录到已经过了1秒钟的瞬间，从月面上看到的宇宙飞船内的光时钟里的光还没有到达上镜面，因而飞船上光时钟里的光应该迟些时候才能够到达上镜面。既然在宇宙飞船内光到达上镜面花费的是1秒钟，那么**在月面上的观测者看来，宇宙飞船上的1秒钟就要比月面上的1秒钟长！**

这当然是非常奇怪的结论，然而它却是从相对性原理和光速不变原理导出的一个必然结论。只要这两个原理成立，那么，宇宙飞船上的时间流动变慢，就是顺理成章的事。

宇宙飞船的速度越快，时间的流动就越慢。宇宙飞船内的时间慢到什么程度，可从"三角形法则"（勾股定理）中求得。想知道细节的读者请看**3**和那个补充说明。

不过，从宇宙飞船看月面，运动着的应该是月球。因此，在飞船上的观测者A看来，时间流动变慢的难道不该是在……我们接着再来分析宇宙飞船上的人是如何看待这件事情的。

## 1. 从月面看，光沿斜线行进

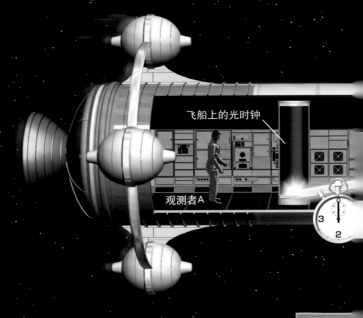

飞船上的光时钟

观测者A

## 2. 月面上的光时钟

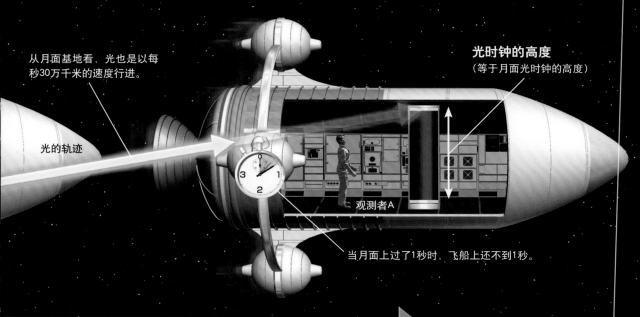

从月面基地看，光也是以每秒30万千米的速度行进。

光的轨迹

光时钟的高度
（等于月面光时钟的高度）

观测者A

当月面上过了1秒时，飞船上还不到1秒。

宇宙飞船移动的距离

月球上的观测者B

满足细心读者的补充说明

## 3. 用三角形法则求时间滞后的公式

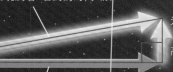

[从月面上看到的宇宙飞船上光时钟光路径的长度]
光速（$c$）×月面观测者B看到的时间（$t$）

光速（$c$）×1秒
[光时钟的高度]

[宇宙飞船移动的距离]
飞船速度（$v$）×月面观测者B看到的时间（$t$）

在月面观测者B看来，飞船上光时钟的光是在自己的月面光时钟走过$t$秒钟后进入光检测器的。然而，当月面上的光时钟指示$t$秒时，宇宙飞船上观测者A的光时钟才指示1秒。这就是说，在月面上的观测者看来，飞船上的时间流动要比月面上的时间流动慢，"时间膨胀"至$t$倍。利用上面的直角三角形，可以根据三角形法则列出求$t$的公式（★）：

$$(ct)^2 = (vt)^2 + c^2 \rightarrow (c^2 - v^2)\ t^2 = c^2 \rightarrow [1 - (\frac{v}{c})^2]\ t^2 = 1$$
$$\rightarrow t = \frac{1}{\sqrt{1 - (\frac{v}{c})^2}} \cdots\cdots (★)$$

本文中假定宇宙飞船的速度为光速的80%，公式（★）中的$v = 0.8c$。于是得到 $t = 1.67$。也就是说，月面上的时间1.67秒仅对应着飞船上的时间1秒（月面上的1秒，对应飞船上的0.6秒）。

# ⑦ 为什么时间流逝会变慢？

**学生：**根据狭义相对论，在月球上的观测者看来，以接近光速飞行的宇宙飞船中的时间流逝变慢了，对吧？难道宇宙飞船内的观测者意识不到自己的时钟变慢了？

**教授：**在月球上的观测者看来，时间流逝变慢并不意味着仅仅时钟变慢了。宇宙飞船内的人的动作以及思考速度也都变慢了，甚至连每个原子的运动在内所有的都同样变慢了。因此，对宇宙飞船内的观测者来说，自己周围与平时一样，时间流逝没有任何变化。

**学生：**我现在还是无法完全理解时间流逝变慢了。

**教授：**狭义相对论所说的时间延迟也可以理解为"同时性的相对性"（参照**Q&A6**）问题。如果以"对月球上的观测者来说的同时"为基准比较月球上的时钟与宇宙飞船内的时钟的话，则会出现时间偏差，即时间变慢。由于两者的同时并不一致，因此，比如，当月球上的时钟经过了两个小时时，对于月球上的观测者来说的同时并不是单单指宇宙飞船上的时钟经过了两个小时这一时刻。这时，对于月球上的观测者来说的同时是宇宙飞船上的时钟没有经过2个小时，而是例如经过了1个小时这一时刻等。

**学生：**原来如此。"同时性的相对性"是理解的关键呀。

**教授：**而且，时间延迟是"相互的"这一点也是狭义相对论的有趣之处。对看到同一情况的宇宙飞船内的观测者来说，倒不如说是月球上的时间流逝变慢了。

**学生：**用同时性的相对性也能解释这一点吗？

**教授：**是的。从宇宙飞船上来看，倒不如说是月球在运动，所以，与上述内容完全相反的事情也成立。当宇宙飞船内的时间经过了2个小时时，对宇宙飞船的观测者来说的同时是月球上的时钟没有经过2个小时，而是经过了如1个小时这一时刻等。

## 光速并非"计算出来的二次的量"

**教授：Q&A4**也提到过，相对论阐明了光速是自然界的最大速度，是永恒不变的存在。爱因斯坦以前也曾认为，时间和距离（空间）是绝对不变的。之前，科学家普遍认为，光速是以绝对不变的时间与距离为基础，根据"光行进的距离÷光行进所需的时间＝光速"计算出来的二次的量。然而，狭义相对论却认为"光速才是永恒不变的量，并不是以行进所需时间及行进的距离为基础计算出来的二次的量"。正如"光速＝光行进的距离÷光行进所需的时间"所示，时间与距离是因观测者不同而伸缩的（关于距离的收缩，请参考**Q&A9**）。

**学生：**对于无论以多快的速度运动的观测者来说，光速都是恒定不变的，宇宙的时空（时间与空间）就是这样形成的。但我从感情上还是无法接受……

**教授：**在感情上很难接受时间流逝变慢的原因在于光速是一个过于庞大的数值。越接近光速，狭义相对论所说的"时间延迟"越明显变大。光速为每秒大约30万千米，就连飞机的秒速也只有0.25千米左右。由此计算的话，飞机速度下的时间延迟仅为每秒10万亿分之3秒左右。

# 1. 从宇宙飞船内看时

宇宙飞船以接近光速在月球上方飞行。从宇宙飞船内看，地板光源发出的光笔直地照射到上方的屋顶（1）。从月球上看，在光从地板抵达屋顶这一段时间内，由于宇宙飞船在飞行，所以光的轨迹是斜的（2）。这两个轨迹都是同一个光的，但从月球所看到的轨迹较长。光抵达屋顶所需时间为"轨迹长度÷光速"。如果留意光速不变原理的话，因为从月球所看到的光的轨迹较长，所以抵达屋顶所需时间也较长。也就是说，对宇宙飞船内的观测者来说，假设光抵达屋顶所需时间为1秒，那么以月球为基准计算的话，光抵达屋顶所需时间要超过1秒。结果，从月球上看宇宙飞船的时间变慢了。

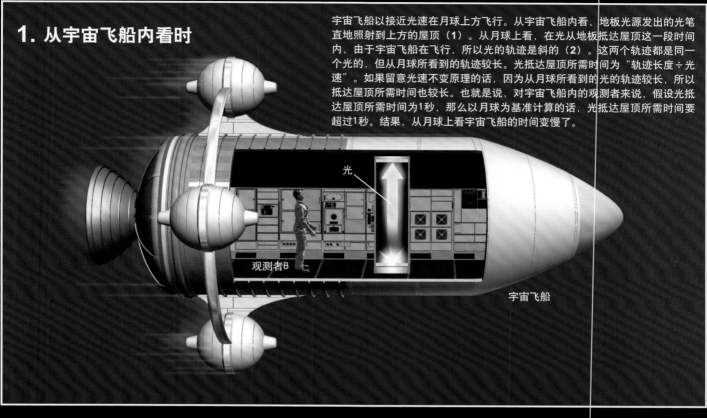

光

观测者B

宇宙飞船

# 2. 从月球表面看时

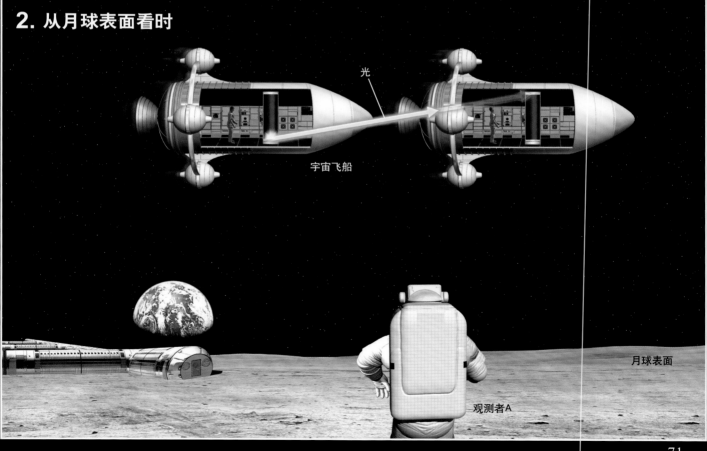

光

宇宙飞船

月球表面

观测者A

# 时间变慢是相互的 ①

# 在宇宙飞船上的观测者看来是月面上的时间变慢了

如68页所介绍的，月面上的观测者B观测以接近光速运动的宇宙飞船，会发现飞船上的时间流动变慢了。但是，相对性原理还给出了更惊人的预言。同样是前几页假定的例子，这次反过来，如果从宇宙飞船观测月面，结果是月面上的时间流动变慢了。

回想一下第46页讨论的那"两艘相向交错的宇宙飞船"。在那种场合，双方都是作匀速直线运动，无法确定谁真正在运动。说到底，匀速直线运动是一个"相对概念"。这就是相对性原理。从宇宙飞船观测，运动着的是月球。**根据相对性原理，那么，从宇宙飞船观测，66~69页的分析同样适用，这次的结论该是月面上的时间流动变慢了**（1，2，3）。

**1. 从宇宙飞船观测，月面的光时钟的光是斜线行进的**

光时钟

在飞船上的观测者看来，月面上的观测者正以接近光速的速度运动。

观测者A

**2.** 在月面上观测，月面光时钟的光是笔直向上行进

飞船内的光时钟

光时钟

观测者B

宇宙飞船上经过1秒，月面上还不到1秒。

光时钟

从飞船上观测，月面上光时钟内的光沿斜线行进。

月面

观测者B

**3.** 在宇宙飞船上观测，飞船光时钟的光笔直向上

# 同时性的相对性导致时间变慢

但是，说到"每一方的时钟都变慢了"，想起来总觉得好像有矛盾。解开这种思想混乱的那把钥匙，就是"同时性的相对性"（60～63页）。乘坐在以接近光速运动的飞船上的观测者A和位于月面基地的观测者B，两者的"同时"并不一致。

这里，我们注意到"同时"的概念，再重新进行分析。对于宇宙飞船上和月面上的时钟（静止时钟），我们都是把飞船上光时钟的光源发出光的那一瞬间设置为各自的0时刻。在飞船上的时钟走到1秒的瞬间，飞船上的观测者同时观看月面上的时钟，发现月面上的时钟还没有走到1秒（**1，2**）。这就是月面上时间流动变慢了的含义。

另一方面，对于月面上的观测者，在飞船里的时钟走到1秒的瞬间，他同时观看月面上的时钟，发现它的指示已经超过了1秒（**3，4**）。这就是宇宙飞船上的时间流动变慢了的含义。

在这个例子中，对于飞船上观测者的"同时"和对于月面上观测者的"同时"，两者并不一致，两人其实是各自在进行自己的时间比较。

这就是说，各自都说"对方的时钟走慢了"，双方都没有错。可见，时间流动变慢也是一个相对的概念。

**1. 宇宙飞船上看到的"0时刻"**

光时钟

观测者B

观测者A

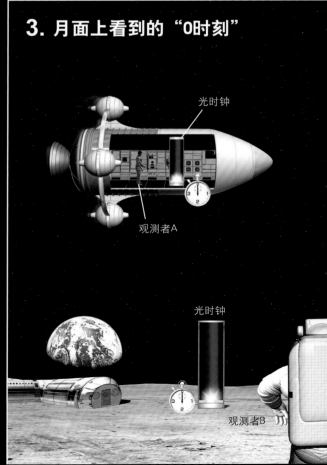

**3. 月面上看到的"0时刻"**

光时钟

观测者A

光时钟

观测者B

光时钟

观测者A

## 2. 宇宙飞船上看到的"1秒后"

宇宙飞船上经过1秒，月面上还不到1秒。

观测者B

## 4. 月面上看到的"宇宙飞船的1秒后"

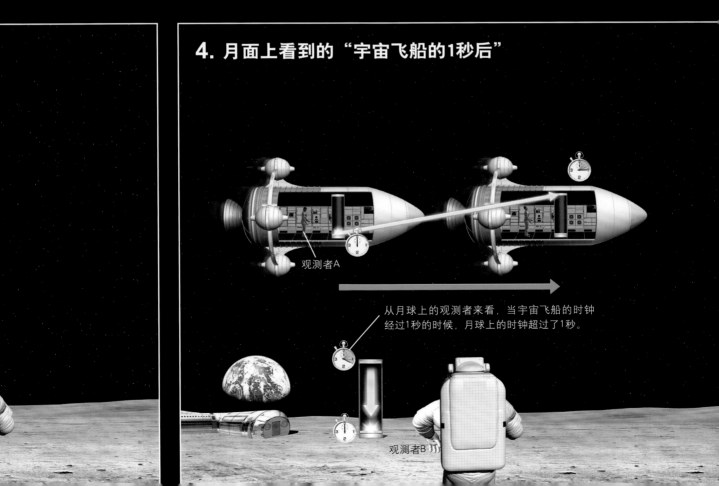

观测者A

从月球上的观测者来看，当宇宙飞船的时钟经过1秒的时候，月球上的时钟超过了1秒。

观测者B

# ⑧ 什么是"双生子佯谬"？——之①

**学生**：我总觉得"时间延迟是相互的"很矛盾。

**教授**：听说过"双生子佯谬"吗？佯谬是指看上去好像违反了逻辑的现象。

**学生**：具体内容是什么？

**教授**：有一对孪生兄弟，假设哥哥乘坐高速火箭到遥远的星球旅行后归来。由于高速运动的哥哥的时间会变慢，所以回到地球后的哥哥应该比弟弟年轻。

**学生**：是这样的。

**教授**：但是，站在哥哥的角度来看，是弟弟在高速运动。这样的话，弟弟的时间流逝变慢，所以弟弟变年轻了。

**学生**：嗯，的确自相矛盾。

**教授**：自爱因斯坦时代以来，很多人都因这个问题而大为苦恼。

**学生**：哪个结论是正确的？

**教授**：从结论来说，只有站在弟弟立场上的解释是正确的。也就是说，哥哥变年轻了。

**学生**：为什么呢？

**教授**：下面，我们具体看一个解决方法。假设火箭的飞行速度是光速的60%，地球到另一个星球的距离单程为6光年，往返为12光年。这样的话，乘坐火箭20年就能往返一次。在弟弟看来，火箭中的时间会变慢20%。也就是说，哥哥只度过了16年（计算方法请参照第69页）。

**学生**：但是，从哥哥的立场上来看，结论不是相反的吗？

**教授**：那么，假设用摄像机拍摄自己的录像，并用电波把录像发送给对方。如果不管从谁的立场

上看，哥哥的16年与弟弟的20年都能够毫无矛盾地很好对应的话，就符合情理。

**学生**：就是说，站在双方的立场上看对方。

**教授**：是的。首先，我们来确认一下对于观测者来说，运动者的录像看上去是什么样子的。当对方以光速60%的速度远离而去时，观测者需要花费4年的时间才能看完对方2年的录像（参照**A**）。另一方面，当对方以光速60%的速度飞驰而来时，观测者只需花费1年的时间就能看完对方2年的录像（参照**B**）。

**学生**：需要考虑基于狭义相对论的时间延缓以及信号传递距离的变动所导致的时间变动。

**教授**：那么，我们站在弟弟的立场上来看看哥哥的录像吧（参照**1**）。哥哥花费8年的时间飞向另一个星球，弟弟需要花费16年的时间才能看完哥哥8年的录像。返回时，哥哥也需花费8年的时间，但弟弟只需4年就看完哥哥8年的录像。

**学生**：哥哥往返所需的16年与弟弟的20年完全对应呀。

**教授**：接下来，我们站在哥哥的立场上来看看弟弟的录像（参照**2**）。哥哥需花费8年的时间才能抵达另一个星球。在这8年里，哥哥可以看完弟弟4年的录像。在返程的8年里，哥哥可以看完弟弟16年的录像。

**学生**：原来如此。哪一个都没有矛盾，都能很好地解释。

**教授**：是的。不过，这个解决办法里包含"以光速的60%飞行的火箭瞬间折返"等实际上不可能实现的假设。我们将在160～161页介绍更具有现实意义的解决办法。

## A. 远离而去的哥哥发出的光信号的间隔

　　假设以光速60%的速度远离地球而去的哥哥按照自己的时钟每2年向地球上的弟弟发送一次光信号。对弟弟来说，哥哥的时钟变慢，是自己的0.8倍，所以哥哥的2年是弟弟的2.5年，时间相差0.5年（基于狭义相对论的时间延迟）。

　　以光速60%飞行的火箭在2.5年里的飞行距离为2.5年×0.6=1.5光年。也就是说，下一个光信号到地球的距离比上一个光信号到地球的距离仅仅长1.5光年。这时，光信号的传播时间也要多花费1.5年（时间根据信号传播距离的变动而变动）。

　　当弟弟接收到哥哥每隔2年发送一次的信号时，在这一间隔的基础上还需加上基于狭义相对论的时间延迟以及信号传播距离的变动所导致的时间变动，结果就变成了2+0.5+1.5=4年的间隔。如果把光信号换成录像的话，弟弟需要花费4年的时间才能看完哥哥2年的录像。哥哥观看远离而去的弟弟的录像时也是同样的。

## B. 逐渐靠近的哥哥发出的光信号的间隔

　　假设哥哥这次以光速60%朝着地球飞驰而来。如果哥哥每2年发送一次光信号的话，根据狭义相对论的时间延迟，与A相同也是0.5年。

　　火箭逐渐靠近地球时，下一个光信号到地球的距离比上一个光信号只短1.5光年，所以，光传播的时间要减去1.5年。

　　因此，当弟弟接收到哥哥每隔2年发送一次的光信号时，在这一间隔的基础上还需减去基于狭义相对论的时间延迟以及信号传播距离的变动所导致的时间变动，结果就变成了2+0.5-1.5=1年的间隔。如果把光信号换成录像的话，弟弟在1年里就能看完哥哥2年的录像。哥哥观看逐渐靠近的弟弟的录像时也是同样的。

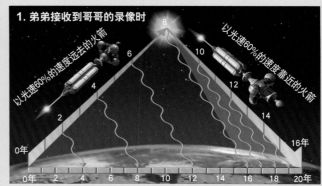

当哥哥飞向另一个星球时，弟弟需要花费16年才能看完哥哥8年的录像（**A**）。当哥哥返回地球时，弟弟只需4年就能看完哥哥8年的录像（**B**）。

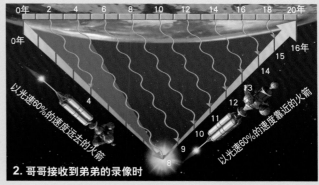

在哥哥飞向另一个星球的8年里，哥哥可以看完弟弟4年的录像（**A**）。返程时，哥哥8年里可以看完弟弟16年的录像（**B**）。

## 两个孪生兄弟中，谁的年龄变大了？

站在弟弟的立场上看，哥哥乘坐的火箭高速远离地球而去，之后又高速飞回地球。由于高速运动的物体的时间流逝会变慢，所以哥哥的时间流逝比弟弟慢。当返回地球的哥哥再次见到弟弟时，哥哥应该比弟弟年轻很多。另一方面，站在哥哥的立场上看，弟弟在高速运动，因此，弟弟的时间流逝变慢了，两人重逢时，弟弟应该比哥哥年轻。这一矛盾称为双生子佯谬。

哥哥乘坐的火箭

留在地球上的弟弟

乘坐火箭飞行的哥哥

# 背离常识的速度加法计算

在相对论中，甚至"速度加法计算"的结果也背离了常识。假定有一个空间站，它正在以每秒20万千米的速度（大约光速的67%）飞过月球上空，并从它前端的一个光源向前方发出光束（右图）。根据光速不变原理，空间站内的观测者看到的光，在空间站前方以每秒30万千米的速度向前行进。这时月球上的观测者看空间站发出的光，根据光速不变原理，也是以每秒30万千米的速度而空间站同方向行进。

但是，从月面上观测从空间站发出的光的行进速度，如果采用常识的速度加法，则应该是"每秒20万千米（空间站速度）＋每秒30万千米（空间站观测者看到的光的速度）＝每秒50万千米。这表明，**如果光速不变原理是正确的，"常识的速度加法计算就不正确"**。

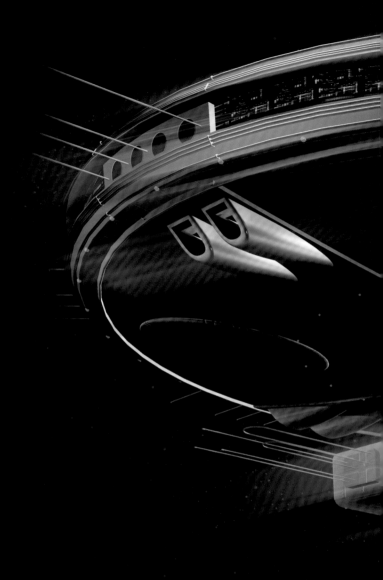

月面上的观测者

从月面看到的空间站
速度是每秒20万千米

空间站发出的光

光的速度是每秒
30万千米

空间站

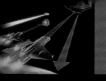

# 在速度加法计算中，"谁在看"很重要

　　哪怕在空间站发射宇宙飞船，当接近光速时，常识的速度加法也会得出错误的结果。比如说，从向右飞行的空间站的滑轨上发射宇宙飞船，飞船对于空间站的速度是每秒20万千米（**1**），那么，从月面上看，按照常识的速度加法，宇宙飞船的速度应该是（**2a**）：

　　每秒20万千米 ＋ 每秒20万千米

　　＝ 每秒40万千米……（★）

然而根据相对论，从月面看到的宇宙飞船的速度才只有27.7万千米（**2b**，要知道这个数值是怎样得到的，请见右页右下方的补充说明）。

　　由此可见，常识的速度加法（★）实在不可靠。这是因为这种计算方法把根据不同场所观测得到的时间和距离求出的速度进行了相加的缘故。也就是说，**要正确地计算速度（距离÷时间），首先必须要明确是"从谁看的速度"。**

　　公式（★）中，头一项20万千米/秒是从月面看到的空间站的速度，第二项20万千米/秒却是从空间站看到的飞船的速度。根据相对论，时间和距离都会随观测者不同而不同※。可是，用公式（★）把两个不同观测者看到的速度（距离÷时间）简单相加，无异于是在把速度视为钱币，在进行"20元＋20元＝40元"那样的简单计算。如果使用公式（★）的话，就必须全都根据从月面看到的时间和距离，重新考虑速度，再进行计算。

※ 距离随观测者不同而不同，请看下页解释。

月面的观测者

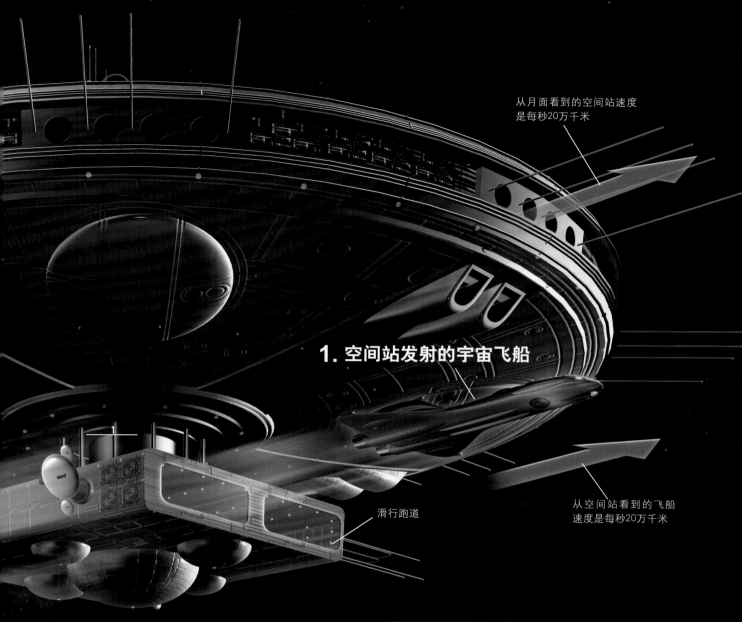

从月面看到的空间站速度
是每秒20万千米

**1. 空间站发射的宇宙飞船**

滑行跑道

从空间站看到的飞船
速度是每秒20万千米

## 2. 根据相对论的速度加法计算

### 2a. 常识的速度加法计算

每秒20万千米　　　　　　每秒20万千米

从月面看到的空间站速度　　从空间站看到的飞船速度

每秒40万千米

从月面看到的飞船速度（根据牛顿力学的计算结果）→错误

### 2b. 根据相对论的速度加法计算

每秒27.7万千米

从月面看到的飞船速度（根据狭义相对论的计算结果）→正确

---

### 满足细心读者的补充说明

这里给出相对论的速度加法计算公式。设从月面看到的空间站的运动速度为 $v$，从空间站发射的飞船相对于空间站的速度为 $u$，那么，从月面看到的飞船速度就是

$$V = \frac{v+u}{1+\frac{v \times u}{c^2}} \cdots\cdots (※)$$

$c$：光速（每秒30万千米）

例如，利用左页正文假定的速度，$v=u=20$万千米，于是有

$$V = \frac{20万+20万}{1+\frac{20万 \times 20万}{(30万)^2}} \approx 27.7万$$

得到从月面看到的飞船速度 $V$ 等于27.7万千米。

读者还可以试着代入其他速度值进行计算，看会得到什么结果。如果选择 $v$ 和 $u$ 比光速小得多的话，可以发现使用公式（※）计算得到的结果与使用符合常识的普通速度加法计算得到的结果几乎没有什么差别。这说明，相对论的效应只有在速度接近光速时才比较显著。

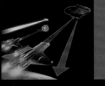
# 空间跟随着时间一起变化

这里来介绍"空间收缩",为此,也先假想一种情况（**1**）。有一个空间站,它早先发射的一艘宇宙飞船现在正位于1.3光年远的一颗行星附近。站在空间站的立场,看它如何返回空间站。1光年是指光在1年时间行走的距离,大约是9.46万亿千米。现在突然发现,有人在那艘飞船上安装了一颗定时炸弹,再过1年就会爆炸,然而只有在空间站才有可能拆除那颗炸弹。飞船的速度是80%光速,而距离是1.3光年。必须马上回去,即使它以光速行进,看来在1年时间内也无法赶回空间站（**2**）。如果它不能及时返回空间站,肯定就会爆炸遇难（**3**）。在定时炸弹爆炸以前,那艘宇宙飞船究竟能不能回到空间站（**4**）?

这里的关键是"谁在看"。1.3光年,那是空间站看到的距离（**5**）;定时炸弹1年后爆炸,那是对飞船而言的时间。

循着这条思路,我们先来分析空间站看到的情形（**6**）。宇宙飞船正以接近光速的速度飞行,那么,从空间站看,飞船的时间流动会变慢。根据相对论,空间站上每过1秒钟,飞船上才过了0.6秒钟[※]。

也就是说,宇宙飞船上的1年,对应空间站上的1.67年（1÷0.6）。飞船以光速的80%飞行1.67年,可以行进1.33光年（1.67×0.8）的距离,看来飞船是能够在炸弹爆炸以前安全返回空间站的。

※ 在第69页的**3**"满足细心读者的补充说明"中,已经给出了求这个数值的方法。

## 1. 假想的情况

某颗行星　宇宙飞船

### 炸弹爆炸之前能否赶回空间站?

即使以光的速度飞行,1年里也只能行进1光年

以80%光速飞行,1年里行进的距离难道就是0.8光年?

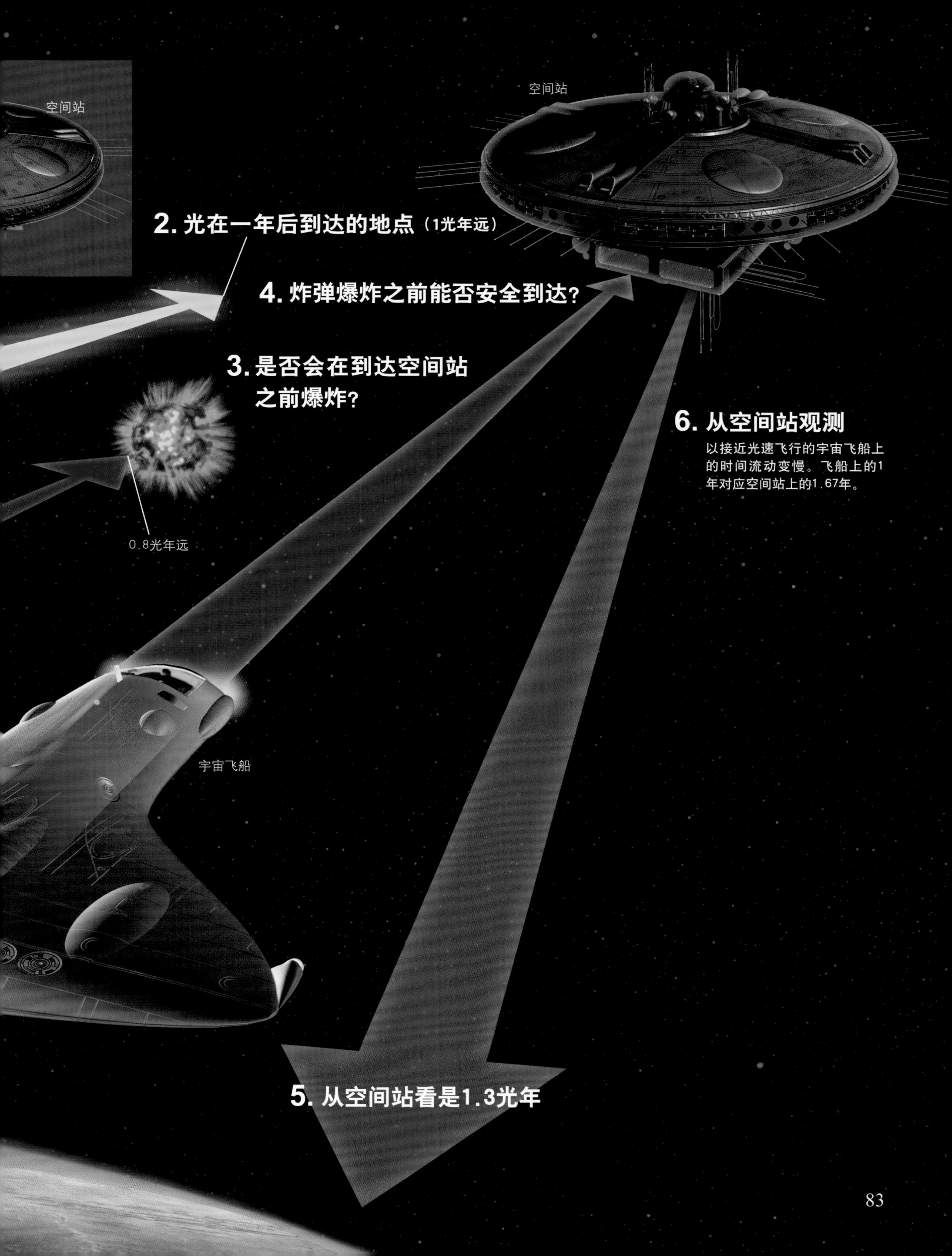

空间站

**2.** 光在一年后到达的地点（1光年远）

**4.** 炸弹爆炸之前能否安全到达？

**3.** 是否会在到达空间站
之前爆炸？

0.8光年远

空间站

**6.** 从空间站观测
以接近光速飞行的宇宙飞船上
的时间流动变慢。飞船上的1
年对应空间站上的1.67年。

宇宙飞船

**5.** 从空间站看是1.3光年

83

# 越接近光速，空间收缩越明显

按照前页的假设情况（**1**），这次再从飞船的立场分析这件事情（**2**）。从飞船上看，是空间站在以80%光速的速度向自己运动，飞船上经过1年，空间站靠近自己飞行的距离只有0.8（1×0.8）光年。看来，在炸弹爆炸之前，空间站是赶不到自己这里实施救援了。然而，在前面的分析中，站在空间站的立场，是来得及的，而这里改从飞船的立场分析，却是来不及，这是有矛盾的。

那该怎么办呢？炸弹1年后爆炸的事实是不能改变的，但是，如果两者之间的距离缩短了，空间站就能赶到飞船这里，矛盾便消除了。其实，这种想法正合狭义相对论的结论。也就是说，**在空间站看来的1.3光年的距离（空间），在以光速的80%飞行的飞船看来其实只有这个距离的0.6倍，已经收缩了（3）！并且，收缩的程度越接近，光速越大。**

在飞船看来，它到空间站的距离只有0.78光年（1.3×0.6＝0.78）。这个距离当然是短于在1年时间里空间站能够向自己靠近的0.8光年的距离。炸弹爆炸前，空间站可以赶来紧急救援。在后面，我们还要进一步详细讨论这个问题。

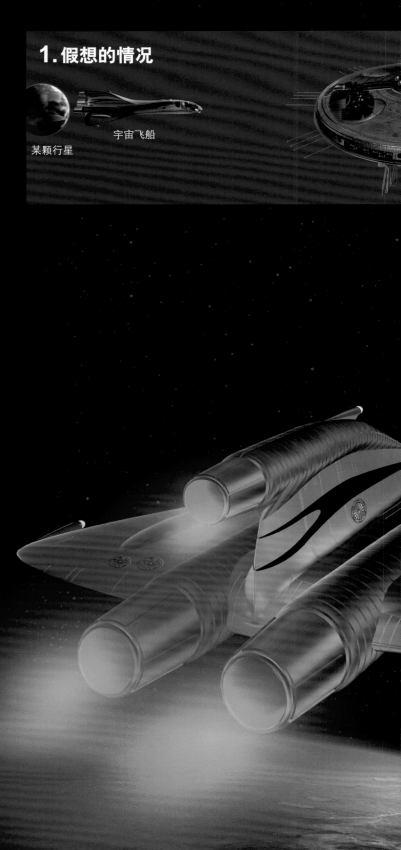

**1. 假想的情况**

某颗行星　　宇宙飞船

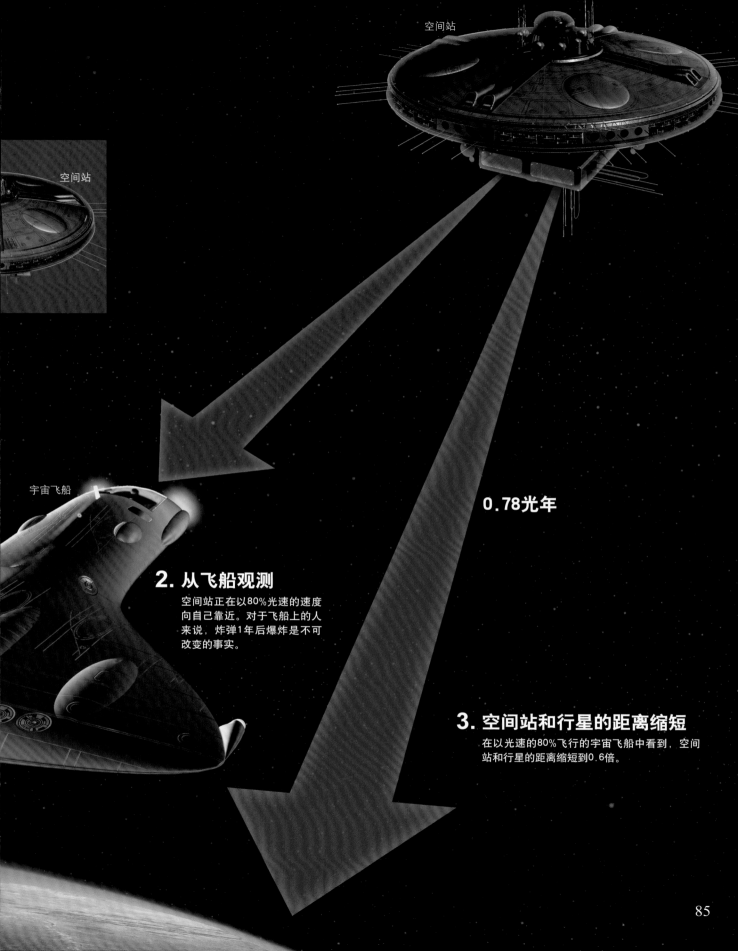

空间站

空间站

宇宙飞船

0.78光年

## 2. 从飞船观测

空间站正在以80%光速的速度向自己靠近。对于飞船上的人来说，炸弹1年后爆炸是不可改变的事实。

## 3. 空间站和行星的距离缩短

在以光速的80%飞行的宇宙飞船中看到，空间站和行星的距离缩短到0.6倍。

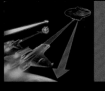

# 自身以外的全部宇宙都会缩短

　　如前两页所提到的假想情况中（**1**），以接近光速的速度运动，空间（长度）将发生收缩。而且，越接近光速，空间收缩得越厉害。这种属于狭义相对论效应的空间收缩叫作"洛伦兹收缩"。

　　一艘以80%光速飞行的宇宙飞船，飞船内的人看到窗外整个宇宙全都在向后飞驶而去。因此，他看到的不仅是自己"到空间站"的距离缩短至原来的0.6倍，而且由于相对论效应，空间站的长度也缩短至原来的0.6倍。如果飞船向右行进，向左退去的那颗行星则在视线的横向方向也缩短至原来的0.6倍。总之，**除了飞船自身，外面的全部宇宙都在它运动的方向上缩短至原来的0.6倍（2）**！

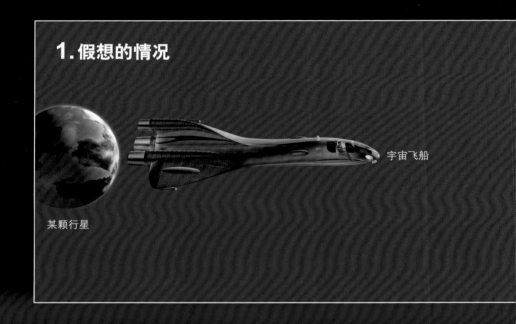

## 1. 假想的情况

宇宙飞船

某颗行星

注：介绍相对论需要循序渐进，一步一步来，所以本书此前的图解一直没有涉及"空间（长度）收缩"。可是，实际上，一切接近光速运动的物体都要收缩。

## 2. 从宇宙飞船看到的世界
### （与飞船同速度行进的观测者看到的世界）

那颗行星以80%的光速离开飞船而去

那颗行星沿飞船行进方向压缩至原来的0.6倍

那颗行星与空间站的距离缩短至0.78光年

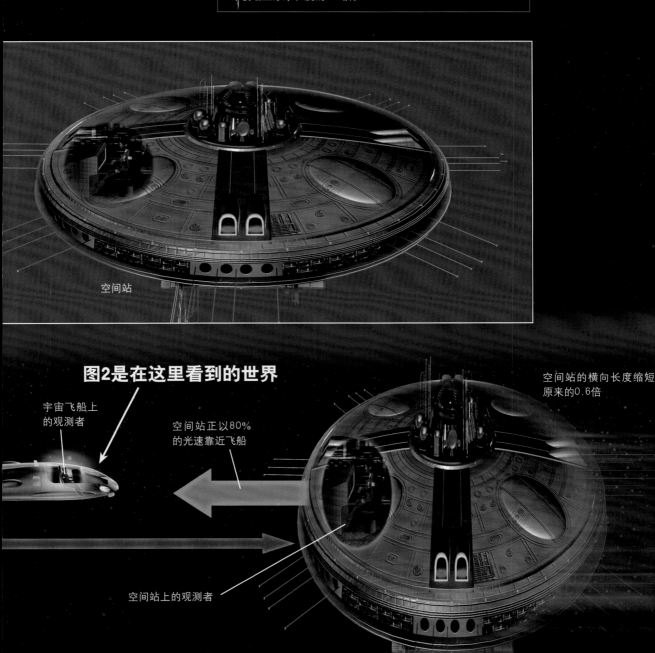

空间站

## 图2是在这里看到的世界

宇宙飞船上
的观测者

空间站正以80%
的光速靠近飞船

空间站的横向长度缩短
原来的0.6倍

空间站上的观测者

# 空间收缩也是个"相对概念"

换个立场从空间站观测，看到的只有宇宙飞船在以80%光速的速度飞行。因此，在空间站内的观测者看来，只有飞船的长度缩短至原来的0.6倍（**2**）。

如上所述，作匀速直线运动的观测者（惯性系）无法确定"谁在运动（或者谁处于静止）"。因此，同时间流动变慢是一个相对概念一样，空间（长度）收缩也

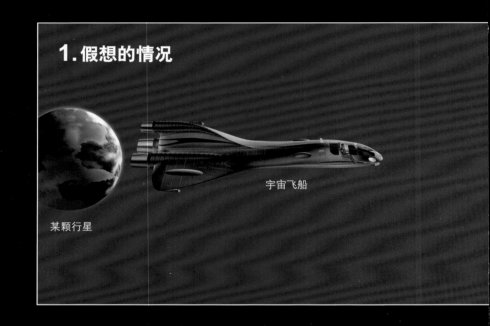

**1. 假想的情况**

宇宙飞船

某颗行星

**2. 从空间站看到的世界**
（与空间站同速度行进的观测者看到的世界）

飞船上的观测者

飞船正以80%的光速向空间站驶来

那颗行星与空间站的距离是1.3光年

是一个相对概念。

必须注意的是，空间（长度）收缩仅仅发生在运动方向上。如果是作横向运动，在与速度方向垂直的纵向，空间（长度）并不收缩。例如，从向右飞行的飞船观测，向左退去的那颗行星就只在横向方向发生了收缩。

空间站

图2是在这里看到的世界

空间站上的观测者

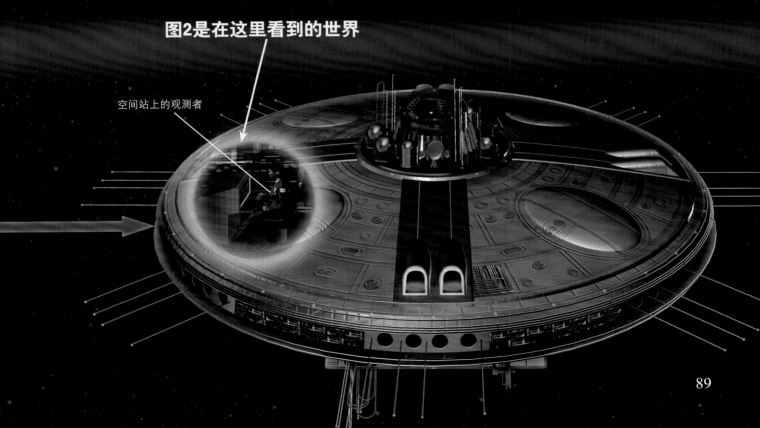

# ⑨ 以接近光速运动时，物体"实际上"会收缩吗？

**学生**：根据狭义相对论，以接近光速飞行的宇宙飞船的长度会缩短。这与挤压海绵时，海绵会缩成一小块是一样的吗？

**教授**：两者是不一样的。海绵是因为里面的间隙压瘪了，整体才缩小的。而且，如果从左右两侧挤压的话，海绵的中央部位就会鼓起。不过，狭义相对论所说的长度缩短是指包括构成宇宙飞船的原子的形状在内，所有的物质都会均匀地沿着行进方向收缩。

**学生**：假设我乘坐宇宙飞船，在外部静止的观测者看来，我的身体也缩小了吗？身体会承受不了吧？

**教授**：就像**Q&A7**的时间延迟那样，由于所有的都会均匀收缩，所以宇宙飞船内的人不会感觉到自己收缩了，身体也完全无恙。

**学生**：如果这样的话，还称不上是"真的收缩了"吧？

**教授**：那么，究竟是如何测量长度的呢？

**学生**：尽管很难测量正在高速飞行的宇宙飞船的长度，但从理论上来说，用标尺测量并记录下宇宙飞船的前端与后端的数值，两者之差就是飞船的长度，对吧？

**教授**：还有一点需要注意，即必须"同时"记录宇宙飞船的前端与后端的数值。由于宇宙飞船在运动，如果记录下飞船前端的数值后，再记录后端数值的话，中间会出现时间差，后端在这一时间差内会前进，所以测量长度会短于实际长度。

**学生**：的确如此。但是，难道这不是理所当然的吗？我觉得这是技术性问题，不是本质性问题……

**教授**：不对，这里才隐藏着本质。请想一下同时性的相对性（**Q&A6**）。右页图片中，宇宙飞船上的观测者的"同时"与空间站上的观测者的"同时"也不同。也就是说，空间站上的观测者同时测量飞行中的宇宙飞船的前端与后端，与宇宙飞船上的观测者同时测量自己乘坐的宇宙飞船的前端与后端，两者的"同时"是不一样的，因此，长度也不同。并不是空间站上的观测者测量错了。宇宙飞船上的观测者与空间站上的观测者的"同时"都是正确的，所以，可以说两者都"测量了正确的长度"。

## 从宇宙飞船上看，无论前方还是后方，整个宇宙都收缩了

**学生**：图2描绘了从宇宙飞船上看到的世界。宇宙飞船后方的行星也收缩了，这是为什么呢？

**教授**：不管是宇宙飞船的后方还是前方，这都没有关系。从以接近光速飞行的宇宙飞船上看，整个宇宙都沿着行进方向收缩了。

**学生**：从宇宙飞船上看不到后方行星的收缩吧？

**教授**：的确，从宇宙飞船上也许不能直接看到后方行星的收缩。但是，"与宇宙飞船同速飞行的另外的观测者所看到的世界"也与图2相同。假设还有一艘宇宙飞船正以与这艘宇宙飞船相同的速度在行星附近飞行，这样就能很好地理解行星的收缩了。

# 1. 从空间站上看到的世界

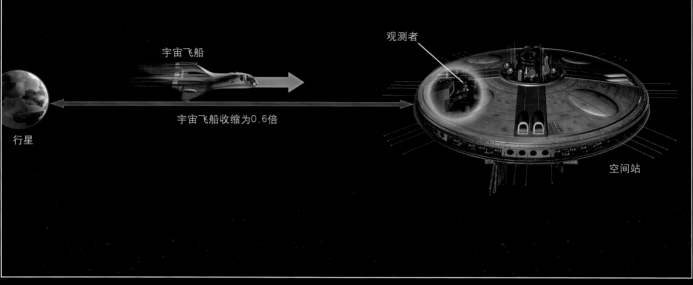

宇宙飞船

观测者

宇宙飞船收缩为0.6倍

行星

空间站

# 2. 从以接近光速飞行的宇宙飞船上看到的世界

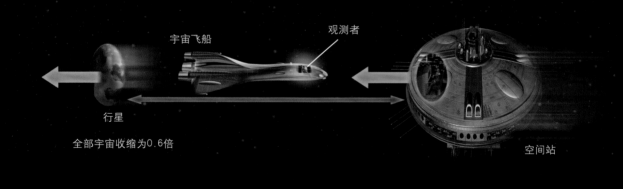

宇宙飞船

观测者

行星

全部宇宙收缩为0.6倍

空间站

完成行星探测任务后的宇宙飞船以光速80%的速度返回空间站（1）。按照空间站的时钟计时的话，宇宙飞船花费1年的时间才返回了空间站。从空间站上观测到的行星与空间站之间的距离$L$（速度×时间）＝0.8×1＝0.8（光年）。另一方面，由于以接近光速飞行的宇宙飞船内的时间流逝变慢，按照宇宙飞船内的时钟计时的话，宇宙飞船仅仅用了0.6年就从行星返回了空间站（这是根据狭义相对论的时间延迟计算出的数值）。从宇宙飞船上来看，空间站正在以光速80%的速度靠近（2）。因此，空间站抵达宇宙飞船所需的时间为上面所说的0.6年。这样一来，从宇宙飞船上观测到的行星与空间站之间的距离$L'$（速度×时间）＝0.8×0.6＝0.48（光年）。也就是说，与从空间站上观测相比，距离缩短为0.6倍。结果，从宇宙飞船上看的话，不管是宇宙空间，还是行星和空间站全都收缩为0.6倍。反过来说，从空间站上看的话，只有正在飞行的宇宙飞船的长度缩短为0.6倍。

# 亲历相对论效应的基本粒子

前面谈到的宇宙飞船和空间站例子中的相对论效应不过是一种假想的情况，属于科学幻想。然而，确实有一种"亲历"了相对论所预言的空间收缩的基本粒子，那就是在几百千米至十多千米高空产生的，最后到达地面的一种叫做μ子（读音"缪子"）的基本粒子。

宇宙空间无时无刻不在向地球射来大量高速运动的粒子，它们统称为"宇宙射线"（**1**）。宇宙射线在进入地球大气以后，与大气中的分子（氮分子等）发生碰撞，这时产生的就有μ子。μ子通过核反应产生出来之时具有接近光速的速度，尽管产生它们的核反应不同，速度也不尽一样。

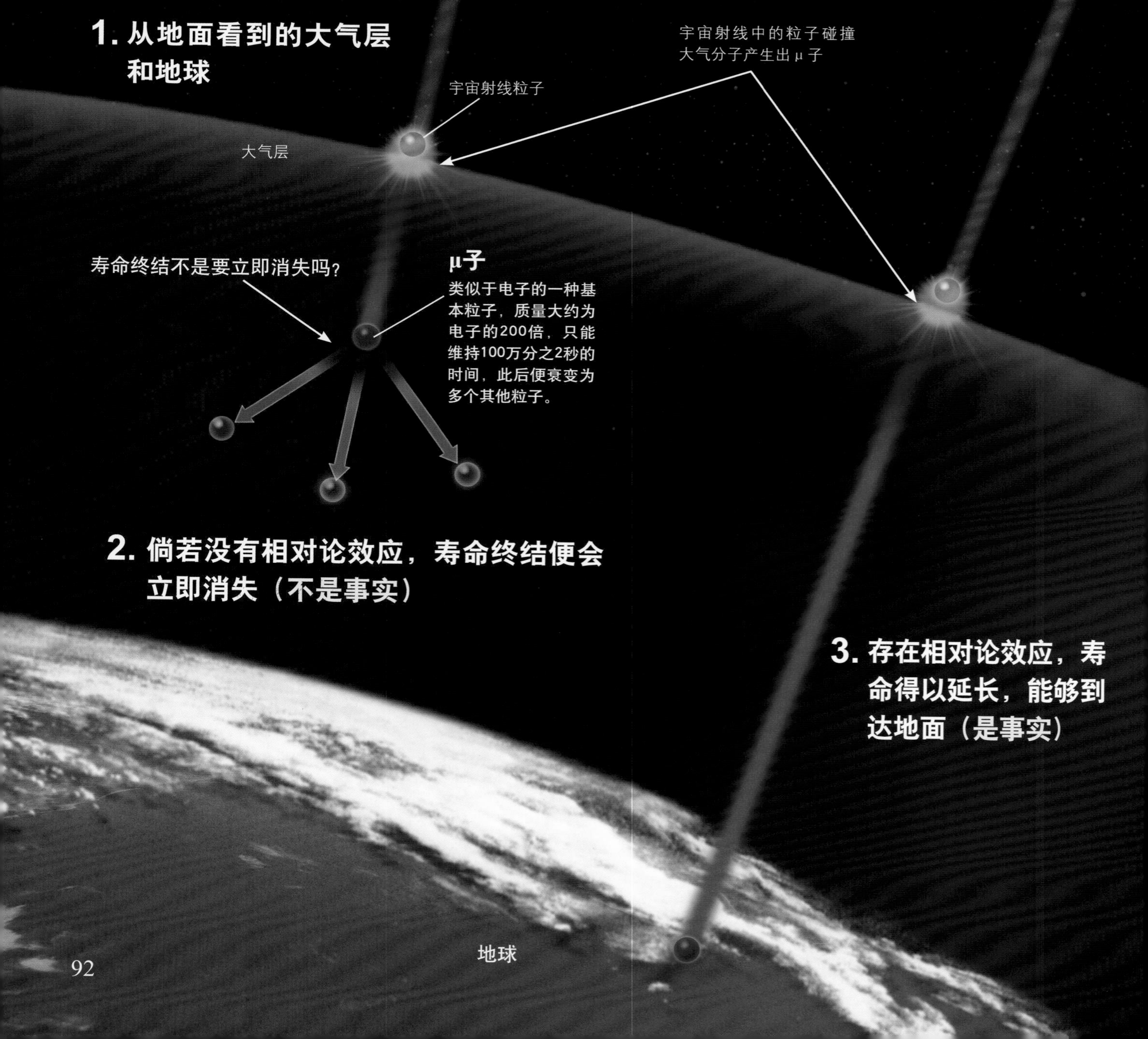

**1. 从地面看到的大气层和地球**

宇宙射线粒子

大气层

宇宙射线中的粒子碰撞大气分子产生出μ子

寿命终结不是要立即消失吗？

**μ子**
类似于电子的一种基本粒子，质量大约为电子的200倍，只能维持100万分之2秒的时间，此后便衰变为多个其他粒子。

**2. 倘若没有相对论效应，寿命终结便会立即消失（不是事实）**

**3. 存在相对论效应，寿命得以延长，能够到达地面（是事实）**

地球

这里我们来考察那些以99%光速运动的μ子。μ子的寿命本来只有100万分之2秒左右，过了这段时间，它便会自行毁灭消失（衰变）。如果只图简单的话，那么计算十分容易，这样一个μ子在它寿命终结之前能够行进的距离只有"30万千米×0.99×100万分之2秒＝约0.6千米"（**2**）。

然而，科学家还是发现了产生于几百千米至十多千米的高空大气中，到达了地面的μ子（**3**）。这是因为它们以接近光速的速度运动，相对论效应在起作用的缘故。

我们先站在地面观测者的立场来分析这件事情。μ子以接近光速的速度飞行，它的时间会因为狭义相对论效应而变慢。也就是说，**在地面观测者看来，μ子的寿命变长了，因而能够到达地面。**

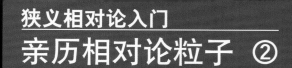
# μ子在收缩了的空间中飞行

再从μ子的立场（或者以μ子同样速度行进的宇宙飞船上的一位观测者）来看这件事情。这一次，μ子的寿命没有变长。这是因为，时间流动的快慢，对于自己，任何时候都是一样的。

事实上，站在μ子（或与它同速度行进的观测者）的立场看，空间收缩了（右图）。也就是说，**在μ子看来，由于狭义相对论效应，地球连同它的大气层被压扁了。因此，μ子在其寿命结束前也能够到达地面。**

这样，对同一个现象，观测者的立场不同，说明的方法也会不同。

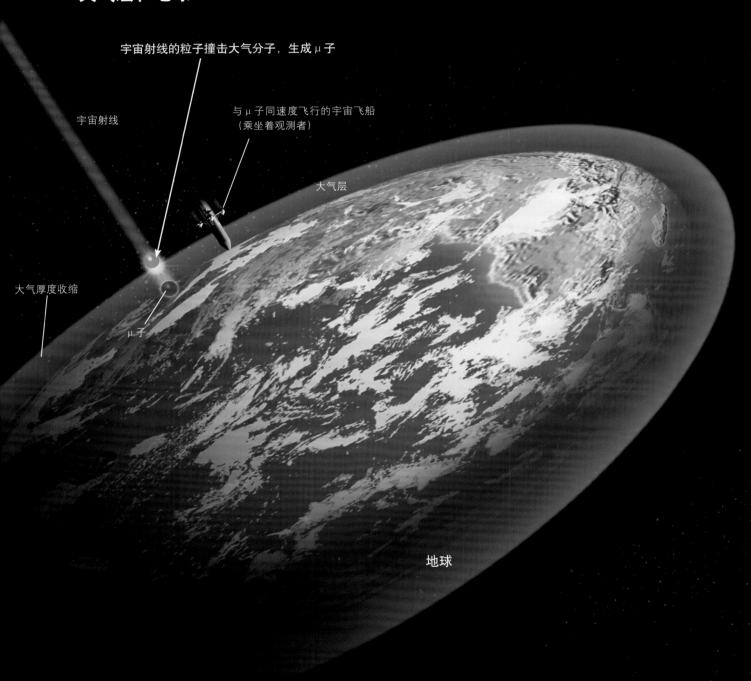

## 与μ子同速度行进的观测者所看到的大气层和地球

宇宙射线的粒子撞击大气分子,生成μ子

与μ子同速度飞行的宇宙飞船
(乘坐着观测者)

宇宙射线

大气层

大气厚度收缩

μ子

地球

# 速度不能超过上限

　　狭义相对论所预言的"速度存在上限"也令人惊奇。这意思是：在这个世界上，使用不论多么先进的技术，都不可能超过某一个速度上限。

　　我们回头仍然看第80～81页上提到的"从空间站发射宇宙飞船"的例子（**1**）。在极端情形下，我们可以假定空间站相对于月面的飞行速度达到了光速的99%，同时，飞船在空间站滑轨上发射的速度，相对于空间站，也达到了光速的99%。如果不假思索，会以为从月面上看到的飞船的速度是光速的198%（99%＋99%）。然而根据相对论，即使在这种情况下，飞船的速度也不会超过光速，只有光速的99.99%。**光速就是速度不可能超越的上限。**

　　这个结论当然是非常奇怪的。例如，我们加电压，就是在给电子（一种带负电的粒子）增加能量，将其加速（**2**）。通常的看法，只要持续不断地增加能量，电子的速度就会无限制地增大（**3**）。然而，如果存在着速度上限的话，无论给电子增加多少能量，它的速度也不可能达到光速。下面，我们将详细地介绍这件事。

## 1. 以"速度的加法运算"来考虑速度的上限

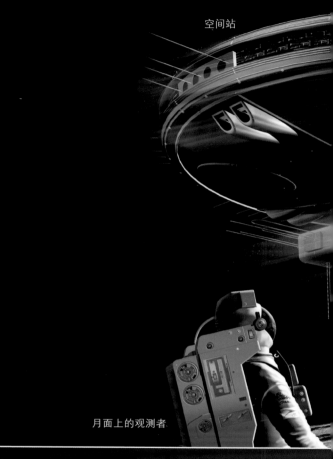

空间站

月面上的观测者

## 2. 原子的结构

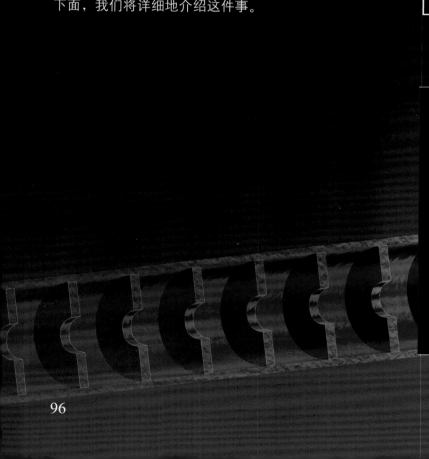

碳原子

原子核

电子
质量为$9.11×10^{-31}$千克

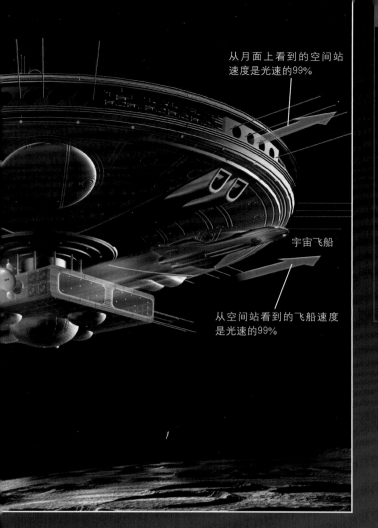

从月面上看到的空间站速度是光速的99%

宇宙飞船

从空间站看到的飞船速度是光速的99%

## 满足细心读者的补充说明

下面，我们利用第81页中"满足细心读者的补充说明"栏目中的公式对图1的情况进行"速度的加法计算"。假设从空间站上（从月球上来看，其飞行速度为光速的99%）发射了一艘宇宙飞船（其相对于空间站的飞行速度为光速的99%），那么，对于月球上的观察者来说，宇宙飞船的速度 $V$ 的计算如下。光速99%的飞行速度用 $c \times 0.99$ 表示。

$$V = \cfrac{(c \times 0.99) + (c \times 0.99)}{1 + \cfrac{(c \times 0.99) \times (c \times 0.99)}{c^2}}$$

$$= c \times \frac{0.99 + 0.99}{1 + 0.99 \times 0.99}$$

$$\approx c \times 0.9999$$

$c$：光速（秒速30万千米）

由于光速99%的飞行速度为 $c \times 0.99$，所以，$c \times 0.9999$ 为光速的99.99%。也就是说，无论空间站和宇宙飞船的飞行速度如何接近光速，"从空间站上起飞的宇宙飞船"的飞行速度都不可能超过光速。

# 3. 电子的速度不能超过光速

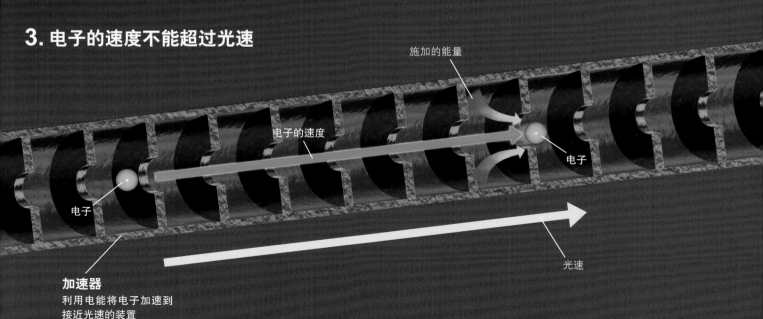

施加的能量

电子的速度

电子

电子

光速

**加速器**
利用电能将电子加速到接近光速的装置

# 质量增大 ②

# 物体的质量随着接近光速而明显增加

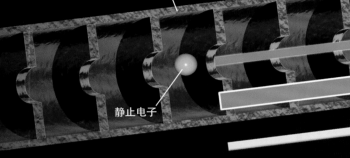

**加速器**
利用电能来把电子加速到接近光速的一种装置

静止电子

假定我们给静止的电子加上一份能量E，能够把它加速到光速的86.6%（**1**）。那么，根据狭义相对论，再增加同样多的能量E，也仅仅能够使其速度增加光速的7.7%（**2**）。继续增加同样多的能量E，每次增加，电子速度的增加量逐次减小，以后分别为光速的2.5%（**3**）、1.2%（**4**）等，电子永远也达不到光速。

那么，那许多没有产生加速效果的能量跑到哪里去了？消失了吗？我们知道，物体被加速时，所投入的力越大，被加速的量就越大；物体质量越大，被加速的量就越小。在上述例子中，给电子增加能量，就相当于向它施加力。因此，增加能量未能使速度按所期望的那样增加，就像是把力作用在电子上未能起到所期望的加速效果。对此，我们只能认为是"质量增大了，抵消了力的加速效果"。于是得到结论：**根据相对论，物体越接近光速，加速越困难，也就是物体"质量增大了"。**

质量增大是什么意思？总不能从"无"生有吧？当然不是这样。第102页，我们就要来讨论"质量究竟是什么"。

## 投入的能量与电子速度之间的关系

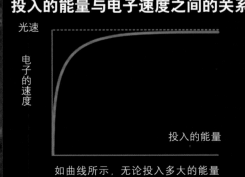

光速

电子的速度

投入的能量

如曲线所示，无论投入多大的能量电子都不可能达到光速。

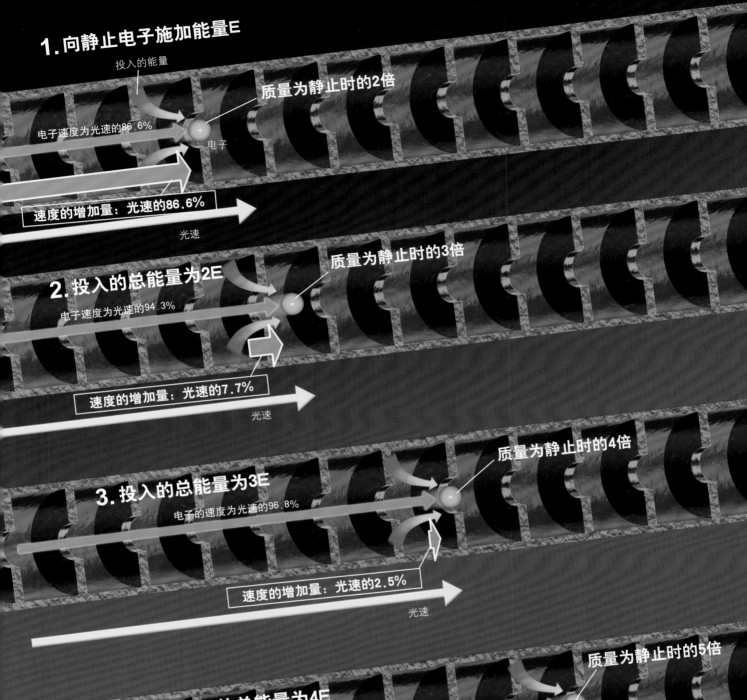

## 1. 向静止电子施加能量E

投入的能量

质量为静止时的2倍

电子速度为光速的86.6%

电子

速度的增加量：光速的86.6%

光速

## 2. 投入的总能量为2E

质量为静止时的3倍

电子速度为光速的94.3%

速度的增加量：光速的7.7%

光速

## 3. 投入的总能量为3E

质量为静止时的4倍

电子的速度为光速的96.8%

速度的增加量：光速的2.5%

光速

## 4. 投入的总能量为4E

质量为静止时的5倍

电子的速度为光速的98.0%

速度的增加量：光速的1.2%

# 10 以接近光速运动，质量增大时，什么会增多？

**学生：** 在**Q&A4**中曾介绍过"光速是自然界的最大速度"，为什么物体的运动速度无法超过光速？

**教授：** 想象一下摩托车加速追赶前面汽车的情形。当摩托车的速度超过汽车的速度时，早晚会超过汽车。那么，假设"有一艘从月球上看能够加速到超过光速的宇宙飞船"，用宇宙飞船追赶前方的光的话，会出现什么结果？

**学生：** 从月球上看宇宙飞船的速度超过光速的话，宇宙飞船早晚会超过光。但是，根据光速不变原理，从宇宙飞船上看，光一直以同一速度行进，所以飞船应该追不上光……

**教授：** 是的，"从月球看能够加速到超过光速的宇宙飞船"这一假设似乎是错误

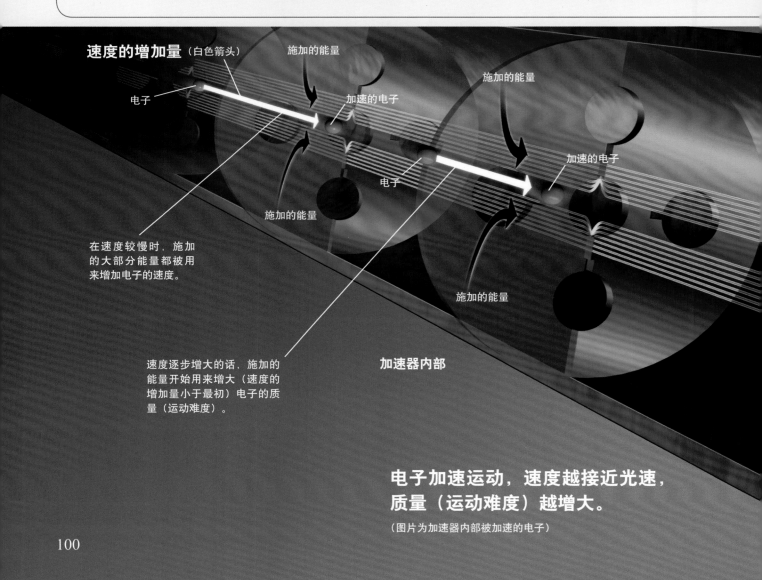

速度的增加量（白色箭头）

电子

施加的能量

加速的电子

施加的能量

施加的能量

加速的电子

电子

施加的能量

在速度较慢时，施加的大部分能量都被用来增加电子的速度。

速度逐步增大的话，施加的能量开始用来增大（速度的增加量小于最初）电子的质量（运动难度）。

加速器内部

**电子加速运动，速度越接近光速，质量（运动难度）越增大。**

（图片为加速器内部被加速的电子）

的。实际上，根据狭义相对论会推导出"光速是无法超越的自然界的最大速度"。

**学生**：例如，如果物体持续获得能量的话，其速度就会不断增大吧？如果光速是速度上限的话，就无法给速度接近光速的物体施加力了吗？

**教授**：并非如此。即便对速度接近光速的物体施加力，物体也很难进一步加速，也就是说，物体会变得难以运动。这就是狭义相对论的"质量增大"。与质量小的空罐相比，装满东西的质量大的罐子更难以运动吧？质量就是"运动的难度"。

**学生**：如果乘坐以接近光速飞行的宇宙飞船的话，不仅仅宇宙飞船的质量，连我自己身体的质量也会变大吗？

**教授**：是的。不过，对于正在运动的本人来说，这时感觉不到任何变化。从宇宙飞船内部来看，本人的质量还和以前一样。严格地说，是指对于正在运动的宇宙飞船外部的静止观测者来说，可观测到质量增大。

**学生**：在宇宙飞船之外的静止观测者看来，宇宙飞船内的人看上去会变胖吗？

**教授**：不会。人变胖时脂肪会增加，构成人体的物质总量（体积或原子数）会增多，并不是狭义相对论所说的质量增大。构成人体的所有要素甚至其中每个原子的质量（运动难度）都会同样变大。体积或原子数并没有增多，所以人看上去不会变胖。

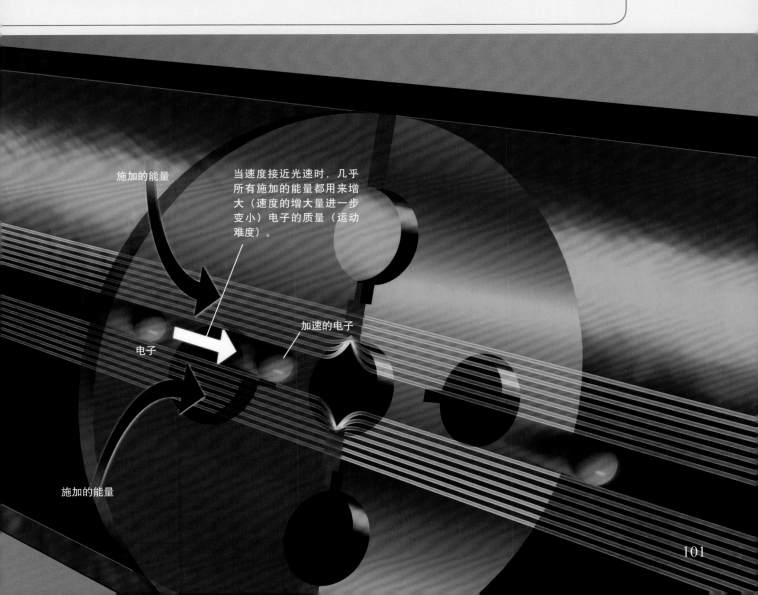

施加的能量

当速度接近光速时，几乎所有施加的能量都用来增大（速度的增大量进一步变小）电子的质量（运动难度）。

加速的电子

电子

施加的能量

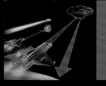

# 质量为"运动难度的量度"

如98页所介绍的，"把物体加速到接近光速，质量增大"。要注意的是，"被加速的物体的大小并没有增加"。例如，把由100万个原子组成的物体加速，其质量可能增大到了2倍，但物体的原子数目并没有成为200万个。这时，是每一个原子的质量都增大到了2倍。

那么，质量是什么？严格说来，质量和重量并不是一回事。如果把一个物体放到引力比较弱的月球表面，它的重量便只有在地球表面时的1/6。如果放在正在轨道上运行的空间站上，那么它的重量就变为0。然而质量，无论把物体放在什么地方，都是一样的。说得尽量通俗些，质量是衡量一个物体运动难度的一个量。

请看图1。图上的一张球台上放有许多彩球，其中混杂着几个是用铅制成的，质量很大。那几个铅球表面也涂了油漆，看不出与普通彩球有什么区别。现在，要求从中把铅球挑选出来，但不准用手去拿，该怎么做呢？为此可以用球杆击打母球，逐个去撞击那些彩球，注意观察每一个球的运动情况。被母球击中后，普通彩球质量较小，容易被撞动，滚动很快；而铅制的彩球，质量很大，被母球击中后只会少许动一下（2）。

## 1. 普通的台球

## 2. 铅制的台球

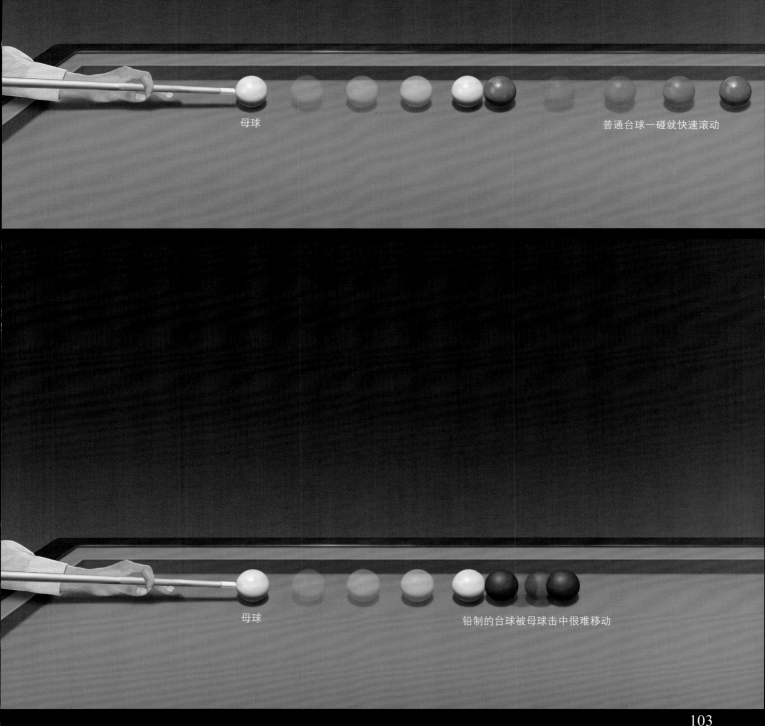

母球

普通台球一碰就快速滚动

母球

铅制的台球被母球击中很难移动

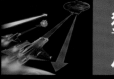

# 物体难以运动的程度即使在失重状态下也不变

上述彩球的运动情况，即使在失重状态下（物体的重量等于0），譬如在空间站上，也是一样的。在失重状态下浮在空中的普通彩球，如果被母球击中，一碰就迅速飞开去。但是，失重状态下的铅球，被母球击中，只会缓慢移动。

我们知道月球正在围绕地球旋转，而且旋转较快。实际上，它是围绕着月球和地球两者的质心在旋转，而地球也在围绕着两者的质心旋转，只是旋转幅度较小而已（**1**）。地球受到月球的万有引力的大小与月球受到地球的万有引力的大小完全相同（作用与反作用力定律）。地球因为质量较大，难以运动，所以它的运动要比月球慢（**2，3**）。

总结一下，即狭义相对论所说的"物体以接近光速的速度运动，质量增大"的意思，就是"速度接近光速的物体，运动状态难以改变"。

## 1. 月球运动较快，是因为它的质量较小

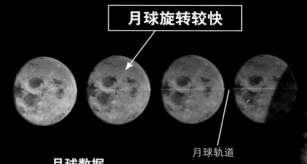

月球旋转较快

月球轨道

**月球数据**
质量：约7.3×10$^{22}$千克
半径：约1738千米
绕地球公转半径：约38万千米

※ 此图未按实际比例画

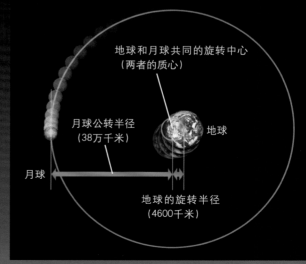

地球和月球共同的旋转中心
（两者的质心）

月球公转半径
（38万千米）

地球

月球

地球的旋转半径
（4600千米）

## 2. 地球和月球互相绕转的平视图

地球和月球都围绕两者的质心（两者质量的平衡点）即它们的共同中心旋转

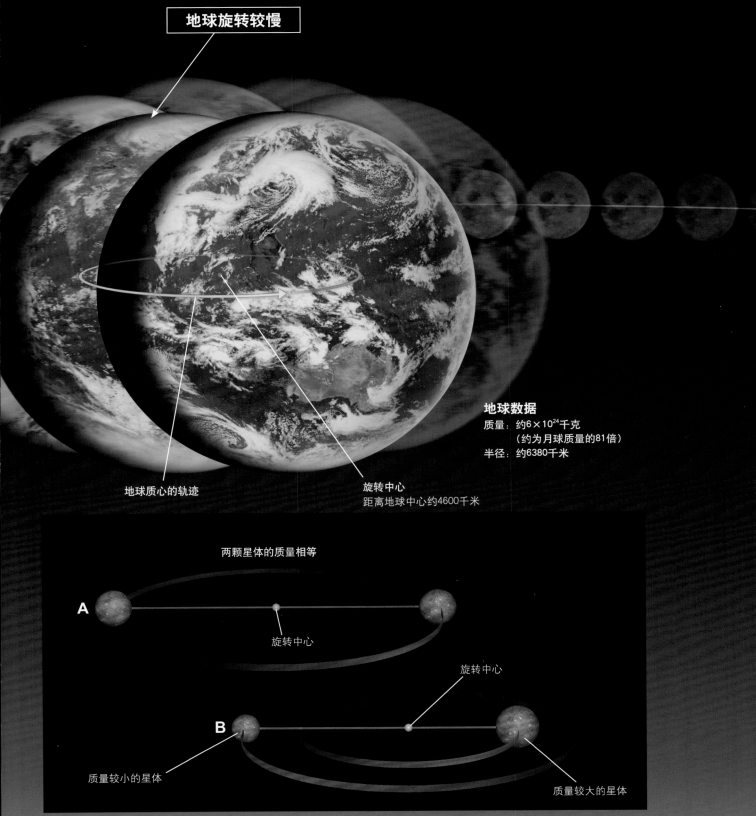

地球旋转较慢

地球质心的轨迹

旋转中心
距离地球中心约4600千米

**地球数据**
质量：约6×$10^{24}$千克
　　　（约为月球质量的81倍）
半径：约6380千米

两颗星体的质量相等

A

旋转中心

B

旋转中心

质量较小的星体

质量较大的星体

## 3. 两颗星互相绕转的共同中心距离其中质量较大的一颗较近

互相绕转的两颗星体的质量如果相同，两者的旋转中心（质心）正好位于两者连线正中的位置（**A**）。若有一颗的质量较大，
旋转中心就移动靠近大质量的星体（**B**）。地球质量是月球质量的81倍，旋转中心已经移动到地球内部。

# 质量和能量是一回事

从第98页的介绍我们已经知道，根据狭义相对论，"物体速度如果已经接近光速，再向它增加能量，它的速度却不会有太大的增加，而它的质量却会增大"。按说，投入的能量在这里应该以速度形式贮存起来，那些没有以速度形式贮存的能量跑到哪里去了？物理学有一条非常重要的定律，即"能量守恒定律"（能量的总量不会增加，也不会减少），能量不可能消失。那些能量总该贮存在什么地方。

对于这个问题，相对论也有一个惊人的结论："能量转化成了质量"。请看右图。赋予两个静止的电子A和B以不同的能量，其中电子A被加速到光速的99%，电子B被加速到光速的99.9%。显然，二者的速度相差不大。但是，当两个电子都与一面硬壁碰撞时（假定碰壁后电子完全停止），电子B撞击的能量却要比电子A撞击的能量大得多，前者是后者的3.5倍。也就是说，**电子B所携带的比电子A多出来的那部分能量没有贮存为它的速度形式，而是以它的质量形式贮存着。**

**以质量形式贮存的能量**

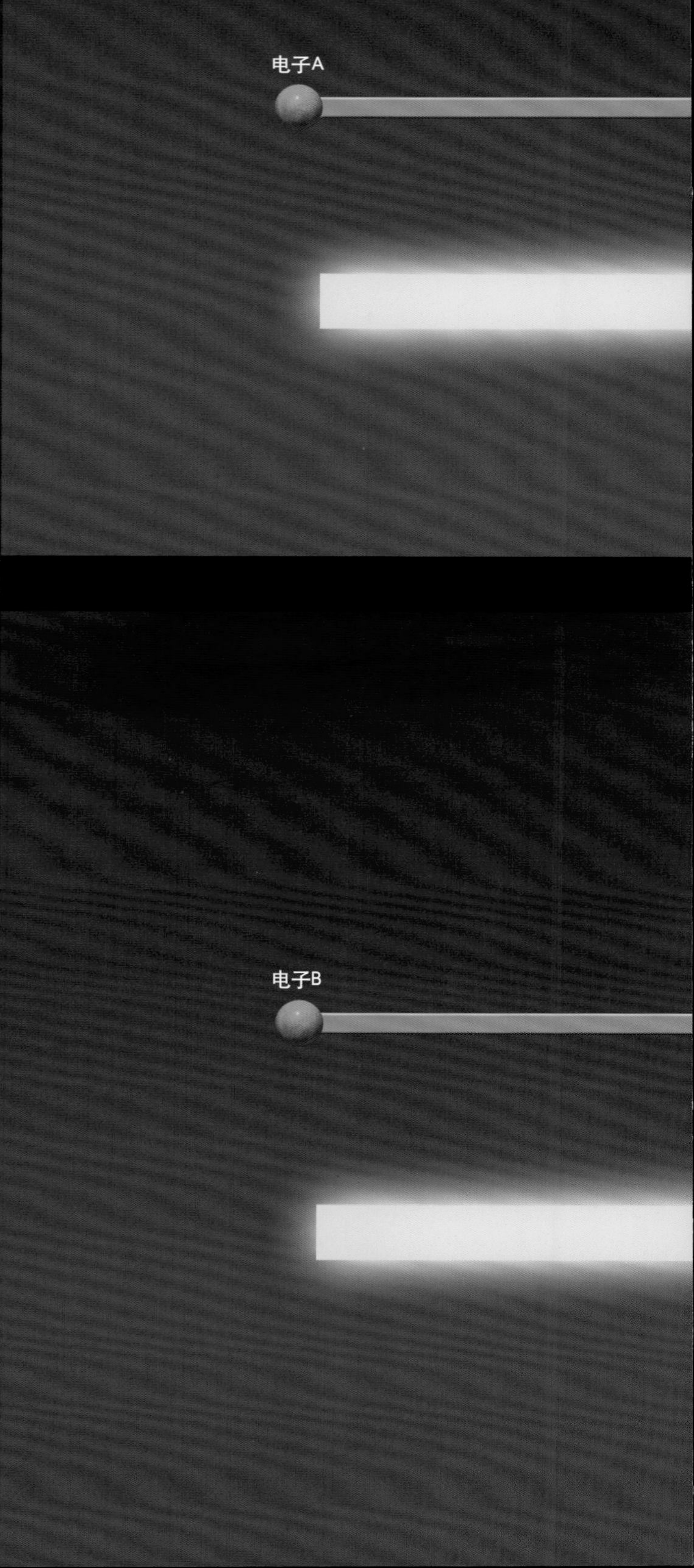

电子A

电子B

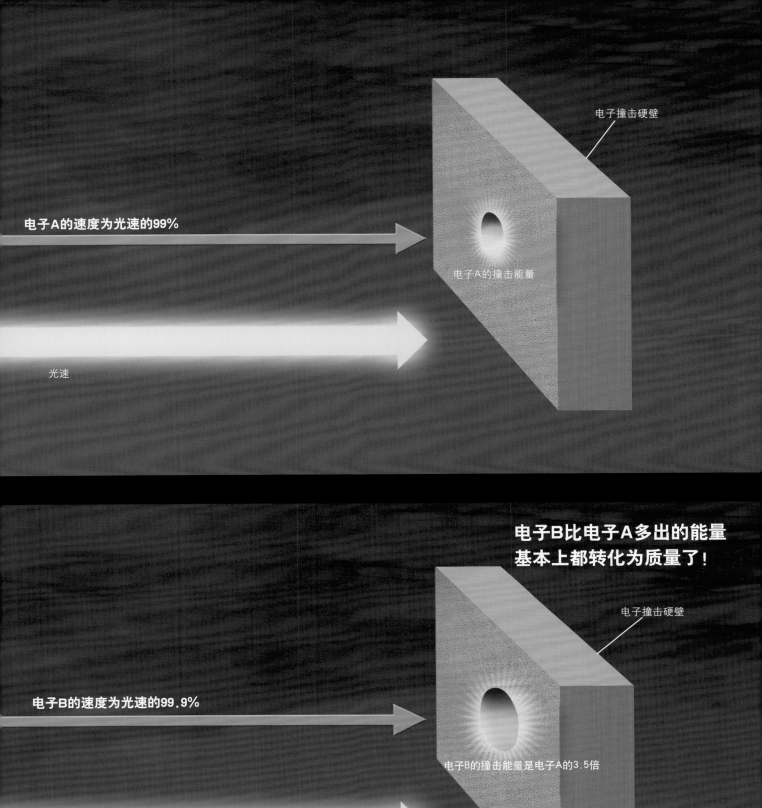

电子A的速度为光速的99%

光速

电子撞击硬壁

电子A的撞击能量

电子B比电子A多出的能量
基本上都转化为质量了！

电子撞击硬壁

电子B的速度为光速的99.9%

光速

电子B的撞击能量是电子A的3.5倍

# 电能由质量产生

与前面的例子相反，质量也可以转化为能量。核电站里所进行的铀的核裂变反应，做的就是这样的事情。在核裂变反应中，质量转化为热能。发电站用这种热能来产生水蒸气，后者推动汽轮机，便产生电能。

铀核裂变以后变成许多个较小的原子核，后者全部合起来的质量要小于原来铀核的质量，大约小0.1%。差这么一点好像不算什么，然而正是减少的这一部分质量换来的热能，提供了我们日常生活中所使用的电能。

结论是，能量可以转化为质量，质量也可以转化为能量。"质量和能量是同一件事情"。

**在核电站里，质量转化为能量**

### 铀原子核

在铀原子核中有一种叫做铀235的原子核会发生分裂。这里的"235"，意思是原子核内的质子和中子的总数是235个。

质子

中子

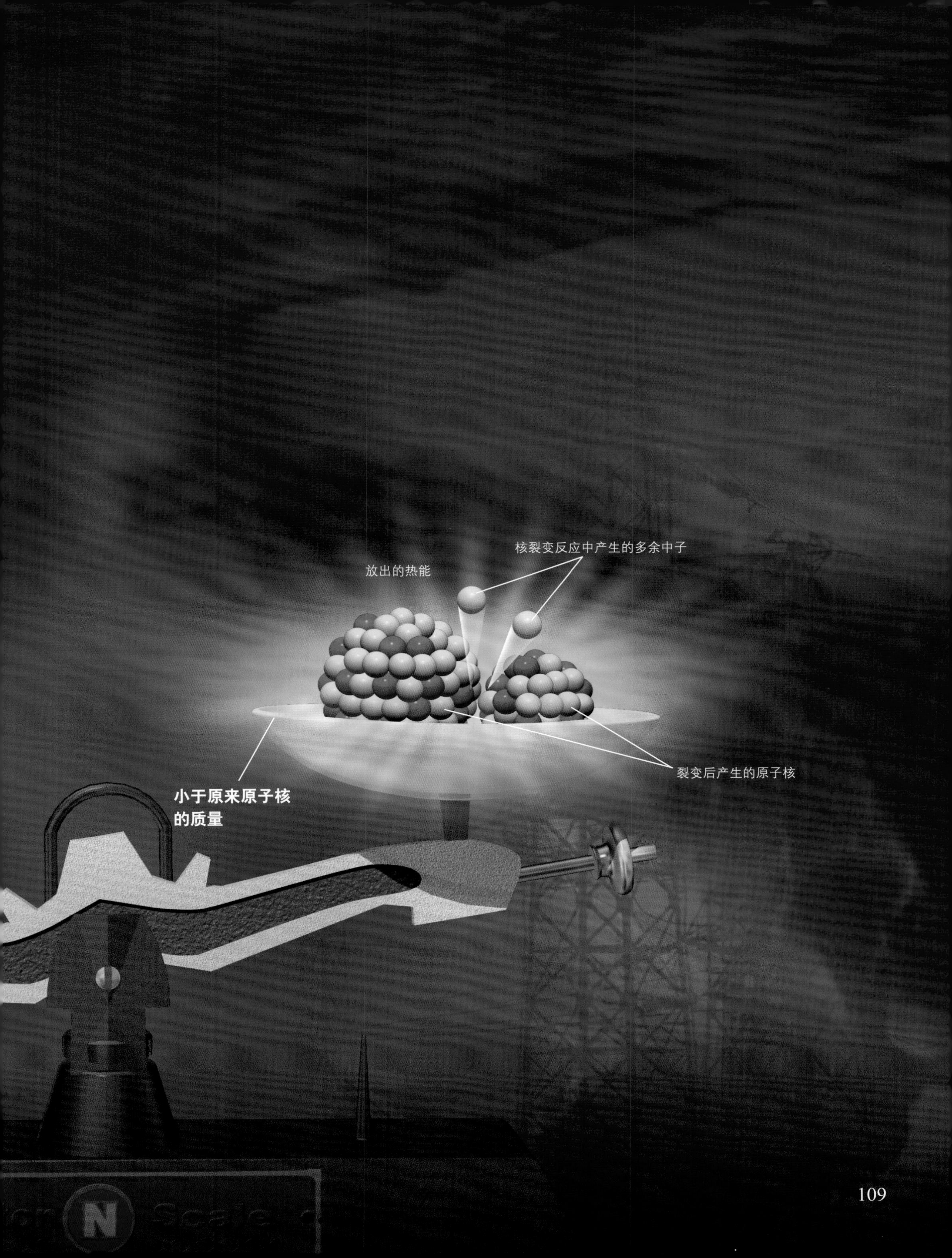

核裂变反应中产生的多余中子

放出的热能

裂变后产生的原子核

小于原来原子核
的质量

# 即使很小的质量也能转化为非常大的能量

从上面的介绍我们知道了"质量和能量是同一回事"。这个关系的数学表达式就是狭义相对论的著名公式"$E = mc^2$"；这里$m$是质量，$c$是光速，$mc^2$代表$m \times c \times c$。

质量和能量在科学的长期发展中一直被处理为两个完全不同的物理量。位于上述公式左端的能量$E$的单位为焦耳[1]，位于右端的质量$m$的单位为千克，两者使用的也是完全不同的单位。公式"$E = mc^2$"中的$c^2$把历史上只能够分别加以处理的这两个物理量联系起来，在它们之间搭建了一座可以相通的"桥梁"。

这个$c^2$可以通过理论计算得到。但是，在这个公式中出现了光速$c$，则清楚地表明光速$c$与宇宙的规律关系密切，实在是一个非常重要的数值。

我们这里试着计算一个例子。在铀核发生裂变反应时，假定有10克（0.01千克）的质量转化为能量。按照公式$E = mc^2$计算，这就是900万亿焦耳（$0.01 \times 30$万$\times 1000 \times 30$万$\times 1000$）[2]。与这些能量相当的热量可以把埃及胡夫大金字塔那样体积（约260万立方米）的一大杯20℃的水烧开（达到100℃）。由此可见，公式$E = mc^2$中的$c^2$数值有多大，它能够"把一小点质量转化为巨大的能量"。

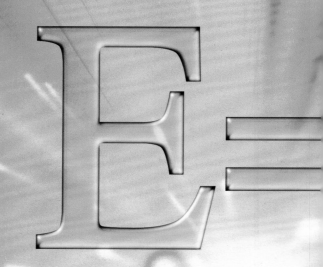

※1 "焦耳"为能量单位。1焦耳是"质量为1千克的物体以每秒增加1米/秒的加速度移动1米所需要的能量"。

※2 这里必须把长度单位统一为"米"。光速是每秒30万千米，换算成米，就要乘上1000，括号内的"30万×1000"，代表的就是光速$c$。

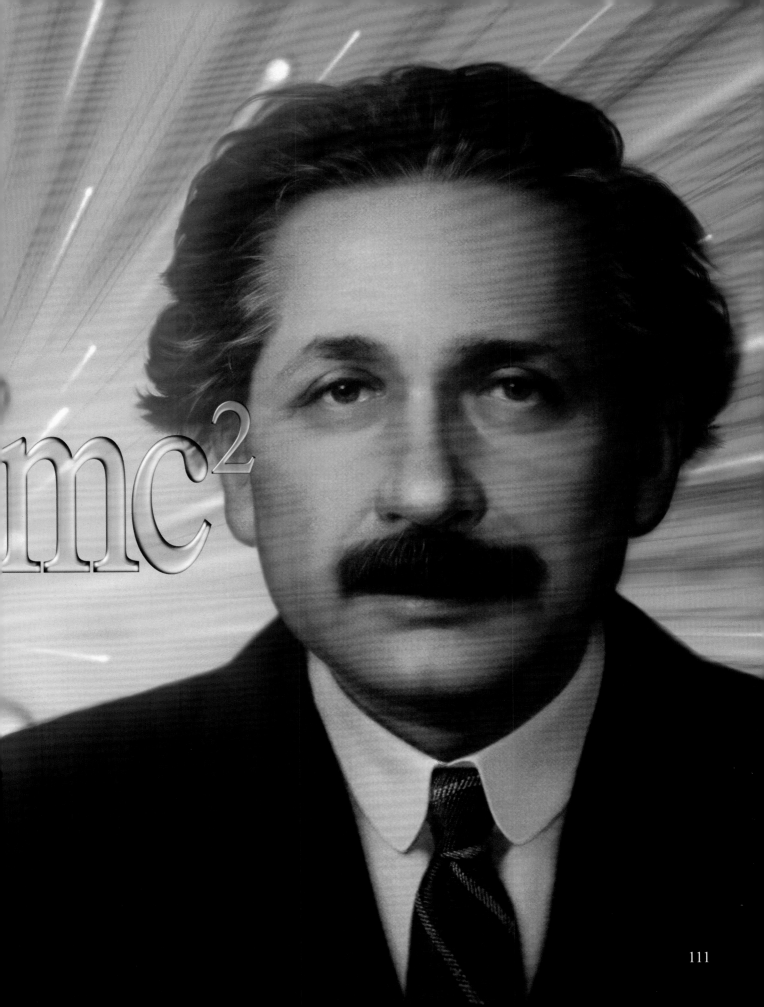

# 11

# 核反应以外还有"质量＝能量"的例子吗?

**学生**：我不能理解狭义相对论所说的"质量等同于能量"。

**教授**：核裂变反应与核聚变反应是质量与能量等价的一个例子。例如，铀原子核裂变后会损失大约1/1000的质量。消失的质量变成了热能，在核电站可用于发电。

**学生**：在日常生活中很难看到核裂变反应，所以现在很难从感觉上理解……

**教授**：并非只在核反应中才能把质量转换为能量。例如，纸燃烧时所发生的普通化学反应中，质量也会转换为能量。只不过化学反应所导致的质量增减极其微弱，只有10亿分之1左右，几乎测量不到。

**学生**：有能量转化为质量的例子吗?

**教授**：例如，加热物质时，质量会略微变大一点点。这称得上是能量转化为质量的例子吧。不过，加热所导致的质量增加极其有限，我们在日常生活中根本感觉不到。

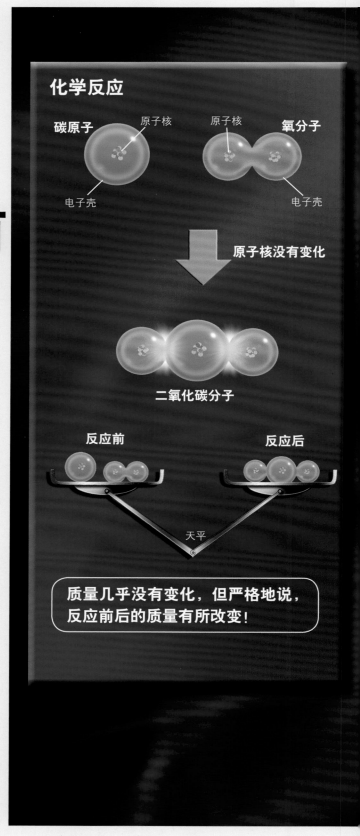

化学反应

碳原子　原子核　　原子核　氧分子

电子壳　　　　　　　　　　　电子壳

原子核没有变化

二氧化碳分子

反应前　　　　　　　　　反应后

天平

质量几乎没有变化，但严格地说，反应前后的质量有所改变!

## 核裂变反应

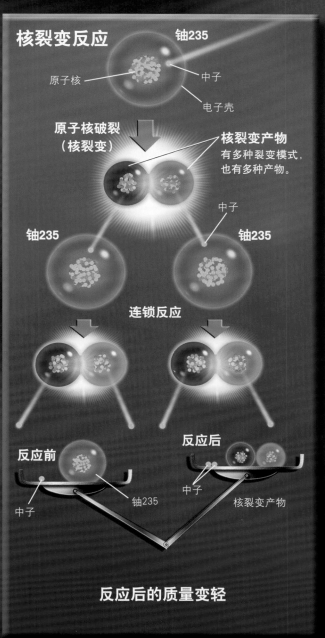

铀235

原子核

中子

电子壳

原子核破裂
（核裂变）

核裂变产物
有多种裂变模式，
也有多种产物。

中子

铀235

铀235

连锁反应

反应前

反应后

中子

铀235

中子

核裂变产物

**反应后的质量变轻**

## 核聚变反应

核聚变（即将反应前）

氘原子核

氚原子核

中子

氦原子核

电子

核聚变（刚刚反应后）

反应前

反应后

氘原子核

氚原子核

中子

氦原子核

**反应后的质量变轻**

例如，在铀的核裂变反应中，反应前的原子核质量与反应后产物的总质量进行对比的话，就会发现反应后的质量变小了。减少的这一部分质量转化成能量释放出去了。

# 12 质量转换为能量的最高效反应是什么？

**学生**：质量转化为能量极其微小，我们在日常生活中很难亲身感受到，这是为什么呢？

**教授**：可以说，在我们身边发生的质能转换都是效率非常低的反应。也就是说，只有极少的一部分质量转化成能量了。

**学生**：原来如此。那么，转换效率最高的反应是什么呢？

**教授**：那我们就以把东京巨蛋（一座体育馆）那么大容量的1杯水加热到沸腾所需燃料的量为例，来看看效率最高的反应是什么吧。

**学生**：东京巨蛋那么大容量的一杯水，大概是多少呢？

**教授**：东京巨蛋的体积大约为124万立方米，所以东京巨蛋那么大容量的一杯水的质量就是124万吨。

**学生**：真是一个惊人的量呀！

**教授**：假设原来的水温是20℃，如果加热到沸腾（100℃）的话，大约需要1000亿千卡的能量。

**学生**：也就是说，用最少的燃料获得1000亿千卡的反应效率最高。

**教授**：是的。首先，我们来看看最常见的化学反应。例如，蒸汽机车通过煤炭（碳）发生化学反应（氧化）而获得能量。这时，大约需要1.3万吨的煤炭。与此相比，如果通过用于核能发电的铀235原子核的核裂变反应获得能量的话，只需5千克的燃料。

**学生**：核裂变反应真是效率高呀！

**教授**：是的。不过，尽管如此，也只有极少的质量——大约0.1%——通过核裂变反应转化成了能量。目前正在研发的将来用于发电的核聚变反应则需要大约1.2千克的燃料。在核聚变反应中，质量大约会减少0.5%，并转化为能量。

**学生**：核聚变反应只需核裂变反应1/4的燃料。不过，核聚变反应是什么样的反应呢？

**教授**：以我们常见的太阳中发生的反应为例。实际上太阳中发生的反应非常复杂，但简单地说，就是4个氢原子核"合并到一起"，释放出1个氦原子核和2个正电子。如果通过太阳中发生的核聚变反应来获得能量的话，只需要大约700克的燃料。大约0.7%的质量可以转化为能量。

**学生**：原来如此，不愧是太阳呀。再没有超越太阳的反应吗？

**教授**：还有一个终极反应。在原初宇宙中，电子与正电子（电子的反粒子）相遇，频繁发生"湮灭"，并转化为光。发生"湮灭"时，100%的质量会转化为能量。这时，所需的燃料仅仅为5克。

**学生**：只用5克就能把东京巨蛋那么大容量的一杯水加热到沸腾，不愧是终极反应呀！

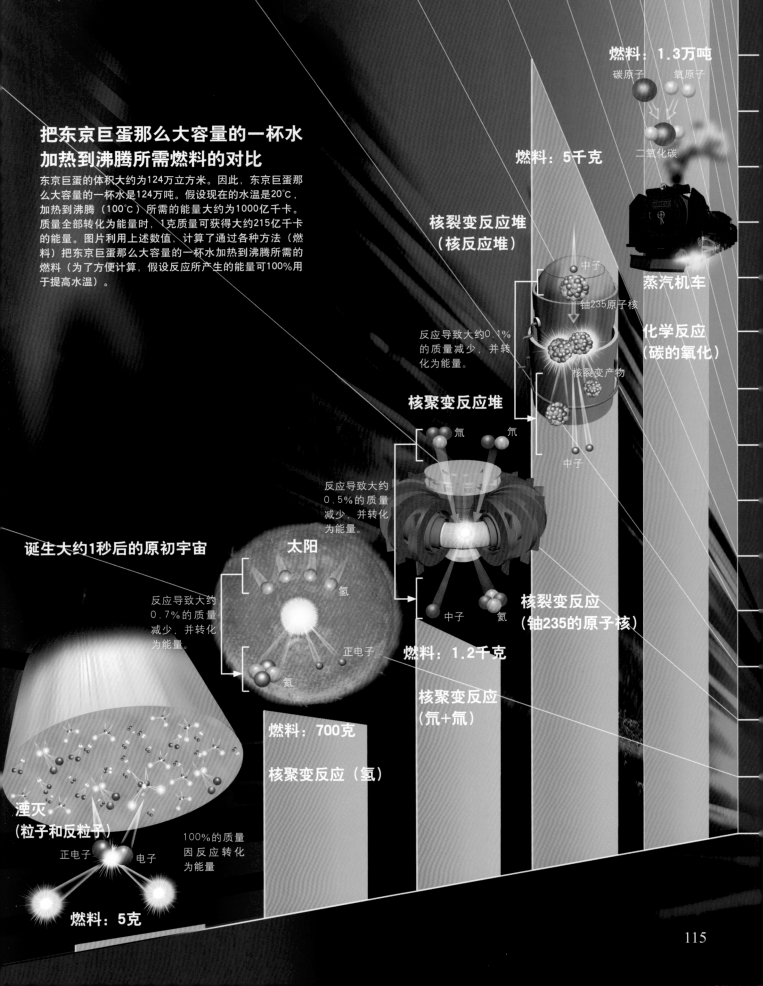

把东京巨蛋那么大容量的一杯水加热到沸腾所需燃料的对比

东京巨蛋的体积大约为124万立方米。因此，东京巨蛋那么大容量的一杯水是124万吨。假设现在的水温是20℃，加热到沸腾（100℃）所需的能量大约为1000亿千卡。质量全部转化为能量时，1克质量可获得大约215亿千卡的能量。图片利用上述数值，计算了通过各种方法（燃料）把东京巨蛋那么大容量的一杯水加热到沸腾所需的燃料（为了方便计算，假设反应所产生的能量可100%用于提高水温）。

燃料：1.3万吨

碳原子　氧原子

二氧化碳

蒸汽机车

化学反应
（碳的氧化）

燃料：5千克

核裂变反应堆
（核反应堆）

中子

铀235原子核

核裂变产物

反应导致大约0.1%的质量减少，并转化为能量。

中子

核聚变反应堆

氘　氚

反应导致大约0.5%的质量减少，并转化为能量。

中子　氦

核裂变反应
（铀235的原子核）

诞生大约1秒后的原初宇宙

太阳

氢

反应导致大约0.7%的质量减少，并转化为能量。

正电子

氦

燃料：1.2千克

核聚变反应
（氘+氚）

燃料：700克

核聚变反应（氢）

湮灭
（粒子和反粒子）

正电子　电子

100%的质量因反应转化为能量

燃料：5克

# 小结

这里对"狭义相对论入门"部分的内容做一个小结。"以相对性原理"和"光速不变原理"为基础，便导出了如下关于时间和空间的许多奇特性质。

## 1 同时性的相对性

（第60～63页）

以接近光速行进的宇宙飞船上的观测者A和月面上的观测者B，两人对于飞船前后两个发射器发出的信号弹是否同时发出的，看法不一致。

根据狭义相对论，是否"同时"会因观测者而异。这就意味着观测者A和B"各有自己的时间"。

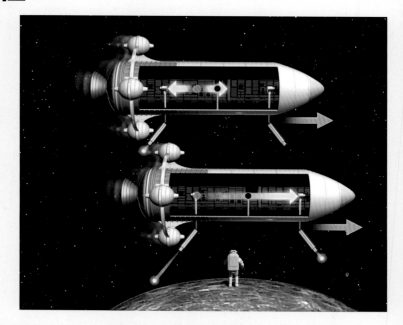

## 2 时间流动变慢

（第66～75页）

月面观测者B看到的是以接近光速行进的飞船上的观测者A的时钟走慢了。

飞船上的观测者A看月面上的时钟，也发现它走慢了。狭义相对论中的时间流动变慢是一个"相对概念"。

# 3 空间收缩
（第82～95页）

在以接近光速行进的宇宙飞船上的观测者看来，空间站、行星，还有自己与空间站的距离，乃至全部宇宙空间，都发生了收缩。相反，从空间站看，则是飞船的长度发生了收缩。

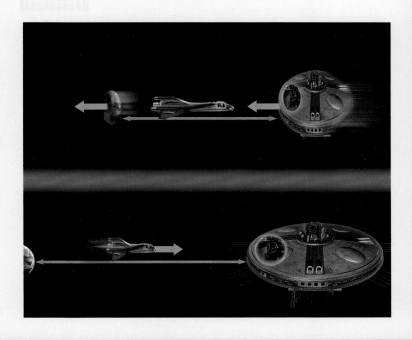

# 4 质量增大
（第96～115页）

接近光速运动的物体的质量增大。质量增大，也就是改变物体的运动状态变得更困难。

因为越接近光速，质量越大，无论怎样投入能量，物体的速度也不可能超过光速。这是因为，投入的能量"转化"成了质量的缘故。

能量可以转化为质量，反过来，质量也可以转化成能量。由此可见，能量和质量是一回事。

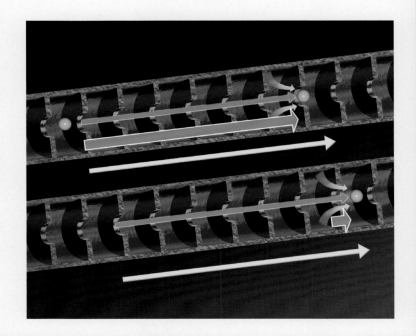

# 4 广义相对论入门

爱因斯坦在完成狭义相对论后依然不满足，原因在于引力并没有纳入其中。毫不夸张地说，天体的运动取决于引力，"宇宙是由引力支配的"。爱因斯坦向这一问题发起了挑战，终于完成了广义相对论，把引力也纳入了其中。第4章将探索更加完善的广义相对论的世界。

# 万有引力定律显露出破绽

在爱因斯坦之前，引力是用牛顿的"万有引力定律"来加以说明的。这个定律说："任何两个物体之间都作用着一个取决于它们的质量和它们之间距离的相互吸引力。"当时，科学家的看法认为，"物体之间的万有引力在不论相隔多么远的距离都是在瞬间传播的"。但是根据爱因斯坦的狭义相对论，速度有一个不能超过的上限，那就是每秒30万千米的光速。引力既然是在一瞬间传播的，那就意味着引力传播的速度为无限大。这当然与狭义相对论有矛盾。万有引力定律一定存在着什么缺陷。

实际上，就在当时，也已经发现了一种用万有引力定律无法解释的现象，那就是水星的"近日点进动"（1）。近日点是水星在轨道上位于最接近太阳的那一点，近日点进动是水星围绕太阳每运行一周，近日点都会少许偏离原来的位置。

水星的近日点进动本来是可以用金星等其他行星对水星的引力作用来解释的，但是利用万有引力定律进行计算，所得结果与观测值却存在着可以觉察到的差异。牛顿的万有引力定律在这里开始露出了破绽。因此，爱因斯坦在狭义相对论的基础上，将引力也纳入考虑之中。后来的成果就是"广义相对论"。

另外，狭义相对论是正确描述处在惯性系（静止或者作匀速直线运动的场所）中的观测者的观测结果的一种理论。在这里我们则可以说，"广义相对论"是对"狭义相对论"的发展，是正确描述处在宇宙飞船等加速场所（加速系※）的观测者的观测结果的一种理论（2）。

※ 加速系不仅有速度发生增减的场所，也包括了速度的方向随时间而发生改变的场所。

水星的轨道不是正圆，而是椭圆。椭圆轨道上离太阳距离最近的点称为近日点。每围绕太阳运转一周，水星的近日点都会稍微偏移一些，但这一偏移非常小，在100年的时间里只有574角秒（1角秒是角度单位1度的3600分之1）。

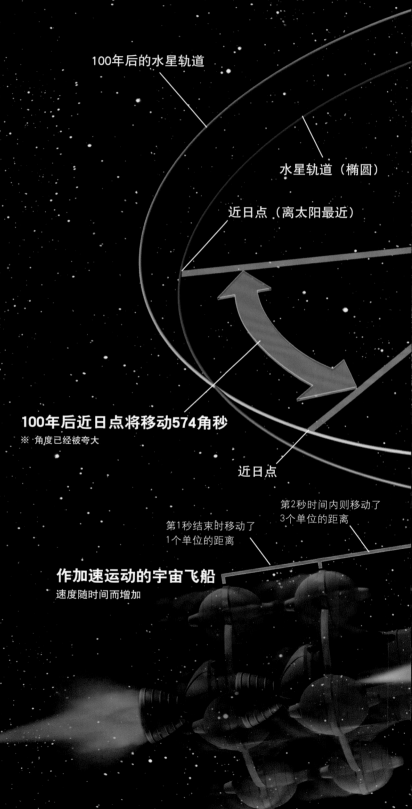

100年后的水星轨道

水星轨道（椭圆）

近日点（离太阳最近）

**100年后近日点将移动574角秒**
※ 角度已经被夸大

近日点

第2秒时间内则移动了3个单位的距离

第1秒结束时移动了1个单位的距离

**作加速运动的宇宙飞船**
速度随时间而增加

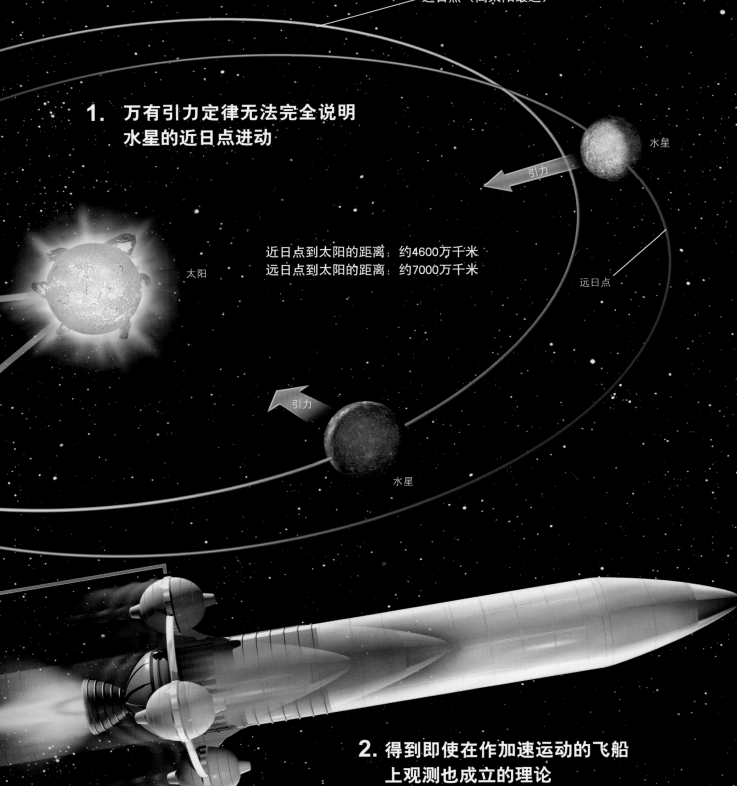

远日点（离太阳最远）

**1. 万有引力定律无法完全说明**
   **水星的近日点进动**

近日点到太阳的距离：约4600万千米
远日点到太阳的距离：约7000万千米

太阳

引力

水星

远日点

引力

水星

**2. 得到即使在作加速运动的飞船**
   **上观测也成立的理论**

# 引力使光线弯曲！
# 证实了广义相对论

　　"光受到引力作用，其行进路径也会发生弯曲"，乍一听到这条广义相对论的预言，多数人一定会感到吃惊。这里所说的"光线弯曲"与光线进入水中发生折射完全不是一回事。根据广义相对论，在连空气也没有的真空中，当光在受到引力作用时，其行进路径会发生弯曲。也可以说，光是在万有引力的吸引下"往下坠落"。爱因斯坦曾根据广义相对论预言，在太阳引力的吸引下，太阳背后的恒星所发出的光线在经过太阳附近时会发生弯曲。

　　这个预言，即星光经过太阳附近发生弯曲，已经在1919年发生日全食时，由爱丁顿率领的英国的一个观测小组在西非的普林西比岛进行的观测得到证实（见图）。日食是当月球运动到太阳和地球之间，遮挡了太阳光的一种天文现象。日食发生时，虽然是白天，然而在地面的月球阴影区域会同黑夜一般，可以观测到太阳近处的天体。英国的那个观测小组通过测量太阳背后恒星隐没和显现的时间，的确发现了它的光线在经过太阳附近时发生了弯曲，而且光线弯曲的程度与广义相对论的预言完全一致。

　　上述观测结果推翻了牛顿的万有引力定律，证明了广义相对论的正确性。这件事情在当时曾得到媒体的广泛报道，引起社会的重视。

　　那以后，又利用日食进行了多次同样的观测，每一次都证实了广义相对论的预言。

月球

月球的阴影

在这里观测日食

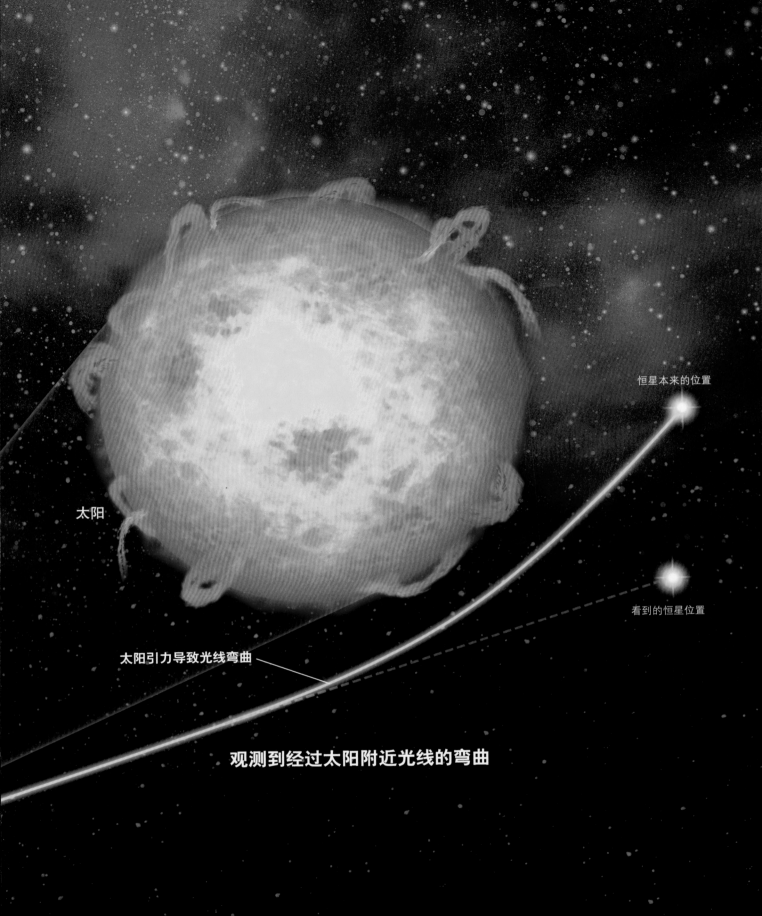

恒星本来的位置

太阳

看到的恒星位置

太阳引力导致光线弯曲

**观测到经过太阳附近光线的弯曲**

# 13 能够亲身感受到光因引力而弯曲的现象吗？

**学生**：引力导致光弯曲是一个很难立刻让人相信的现象。有没有能实际感受到的例子？

**教授**：右页上图显示了1919年日食3年之后的1922年，再次发生日食时观测到的星体位置偏移。尽管星体位置的偏移有所夸张，但从图像看上去是这种感觉。

**学生**：只有发生日食时，才能用图像确认引力导致光弯曲的现象吗？

**教授**：不是这样的，也可以通过其他方式观测引力导致的光弯曲。这就是位于遥远星系的天体发出的光因其前方星系等天体的引力而弯曲，看上去形成4个像或呈环形的现象，这种现象称为引力透镜效应。

**学生**：为什么称为"透镜"呢？

**教授**：前方的星系起到透镜的作用，使得远方天体的光发生弯曲，所以才这样命名。

**学生**：原来如此。星系的引力导致光弯曲远远比日食例子的尺度大呀。

**教授**：右页下方的图像是哈勃空间望远镜拍摄的"爱因斯坦十字"。周围4个天体全部是同一个天体发出的光，但因引力透镜效应而看上去像4个影像。右页右图的8个影像也是哈勃空间望远镜拍摄的"爱因斯坦环"。由于远方天体因前置星系的引力而发生弯曲，所以看上去呈环形。

**学生**：为什么有的看上去是4个影像，有的看上去呈环形呢？

**教授**：看上去是什么样子的，取决于造成引力透镜效应的天体与远方天体之间的位置关系，以及引力透镜效应的强度。当从观测者看远方天体与造成引力透镜效应的天体连成一条直线时，就会呈现美丽的环形。如果稍微偏离的话，则呈现弧形。迄今为止所观测到的大量引力透镜效应大多数呈弧形。

**学生**：宇宙中有许多能够证实爱因斯坦广义相对论正确的现象。

**教授**：引力透镜效应并不单单证实了爱因斯坦广义相对论的正确性。近年来，研究人员正在尝试把引力透镜当作"望远镜"，去观测更远处的天体。

**学生**：把天体的引力当做望远镜，这真令人震惊。

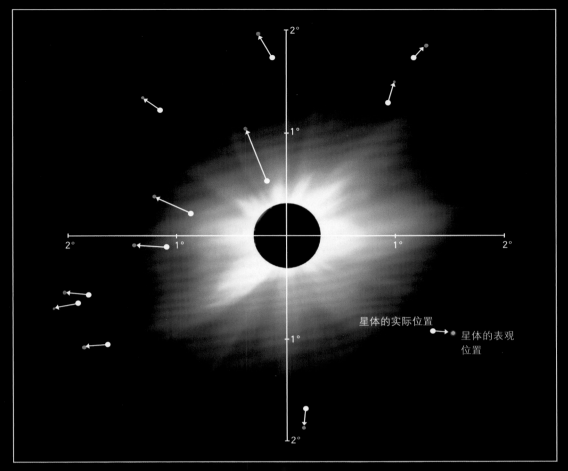

## 发生日食时观测到的星体位置的偏移

1922年发生日食时，在澳大利亚西部的沃勒尔（Wallal）观测到的星体位移。橙色星体为观测到的表观位置，白色星体为实际位置。图片对星体偏移做了夸大处理，以便更好地理解。

## 爱因斯坦十字

1990年，哈勃空间望远镜拍摄的引力透镜效应。距离地球大约8亿光年远的星系（中间）引力是致大约80亿光年远的天体呈现4个影像，

### 爱因斯坦环

这些都是哈勃空间望远镜拍摄的爱因斯坦环

# 一生的最高追求就是消除引力

　　1907年，爱因斯坦认真思考了日后成为他的广义相对论基础的那种想法，那是他要追求的最高目的。那种想法就是，"在向下坠落的箱子中引力消失"。在没有引力的宇宙飞船内部（**1**）和在坠落的箱子内部（**2**），两者都处在无引力的状态（失重状态），在本质上没有区别。下面我们就来解释这句话的意思。

　　我们在乘坐电梯急速上升（向上加速）的时候，身体要变得重一些，感觉好像是地球的引力（重力）变大了；相反，如果急速下降（向下加速），身体要轻一些，感觉好像引力减小了。"在作加速运动的场所，存在着一个与加速方向相反的被叫做'惯性力'的虚拟力"。这种惯性力，可以被视为是牛顿力学中对引力的一种增减。在快速启动的列车上，乘客感受到的那种被向后推的力，也是惯性力（**3**）。

　　牛顿力学不认为惯性力是"实际存在的力"，所以上文才使用了"虚拟"这一表达方法。从列车内看图3的话，地板没有运动，但从外部看的话，地板却在加速运动。也就是说，从列车外部看的话，列车的地板在急剧加速，所以看上去好像乘客的腿"被列车带走了"，只有身体留下来了。也就是说，不存在惯性力。惯性力会因观察场所不同，有时出现，有时消失。

　　那么，惯性力那样的"虚拟"作用力与引力那样的"实际存在"的力有什么区别呢？下页将介绍爱因斯坦假设的令人震惊的观点。

## 1. 没有受到引力作用的飞船内部（无引力状态）

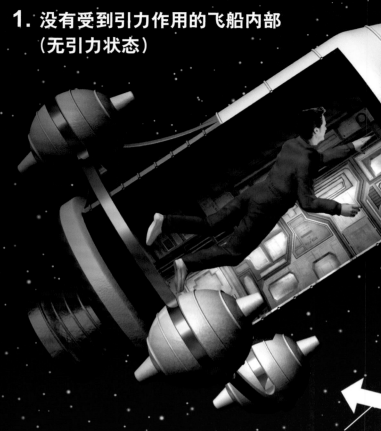

两者都不受引力影响

## 3. 急速启动的列车

加速方向

惯性力

满足细心读者的补充说明

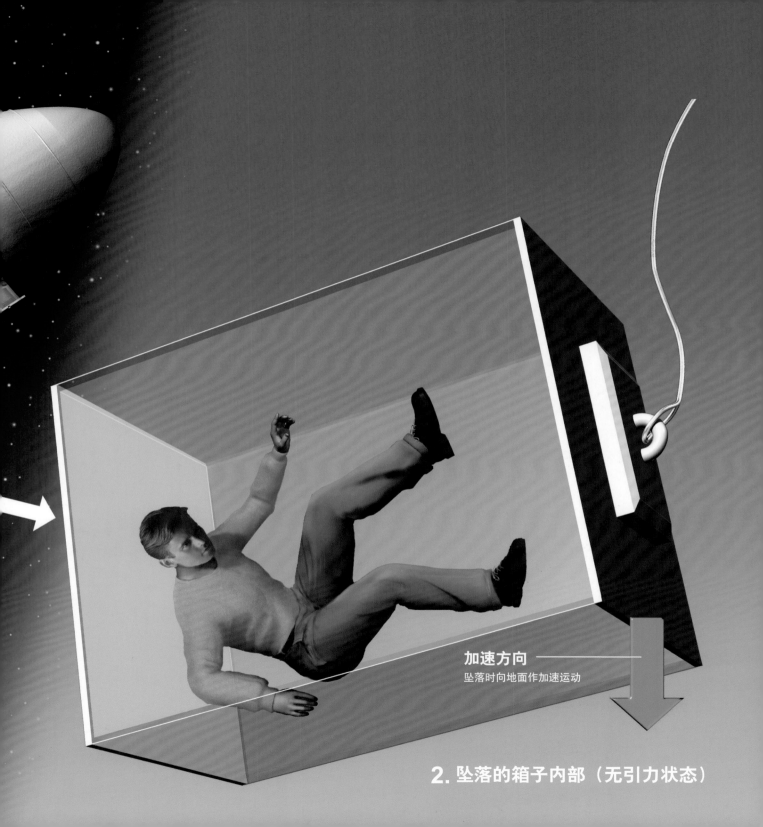

加速方向
坠落时向地面作加速运动

**2. 坠落的箱子内部（无引力状态）**

# 惯性力与引力无法区分

　　爱因斯坦的观点与牛顿不同，他认为"惯性力与引力是相同的"。这一观点称为"等效原理"，是广义相对论的基础。也就是说，引力与惯性力是"等效"（效果相同）的。爱因斯坦并没有把惯性力当作虚拟力而区别对待。

　　下面，我们设计一个假想实验。一艘没有窗户的宇宙飞船在加速前进（**1**）。如果宇宙飞船加速飞行的话，即便在没有引力的空间内，也会因惯性力而产生虚拟引力。

　　那么，飞船内的人能够判断出把自己身体向下拉拽的力是天体的引力还是飞船加速的惯性力吗？向上投出一个球的话，球也会像天体引力导致的自由下落那样，做完全相同的运动。惯性力与引力是无法区分的。

　　我们再次回到上页提到的观点。由于下落的箱子在朝向地面加速运动，所以从箱子内来看的话，存在向上的惯性力（**2**）。因此，我们可以得出下面的结论：**如果引力与惯性力等效的话，在下落的箱子内，两者会完全相互抵消；引力会消失！**

　　下页将进一步揭示等效原理的核心。

地面　　　　引力

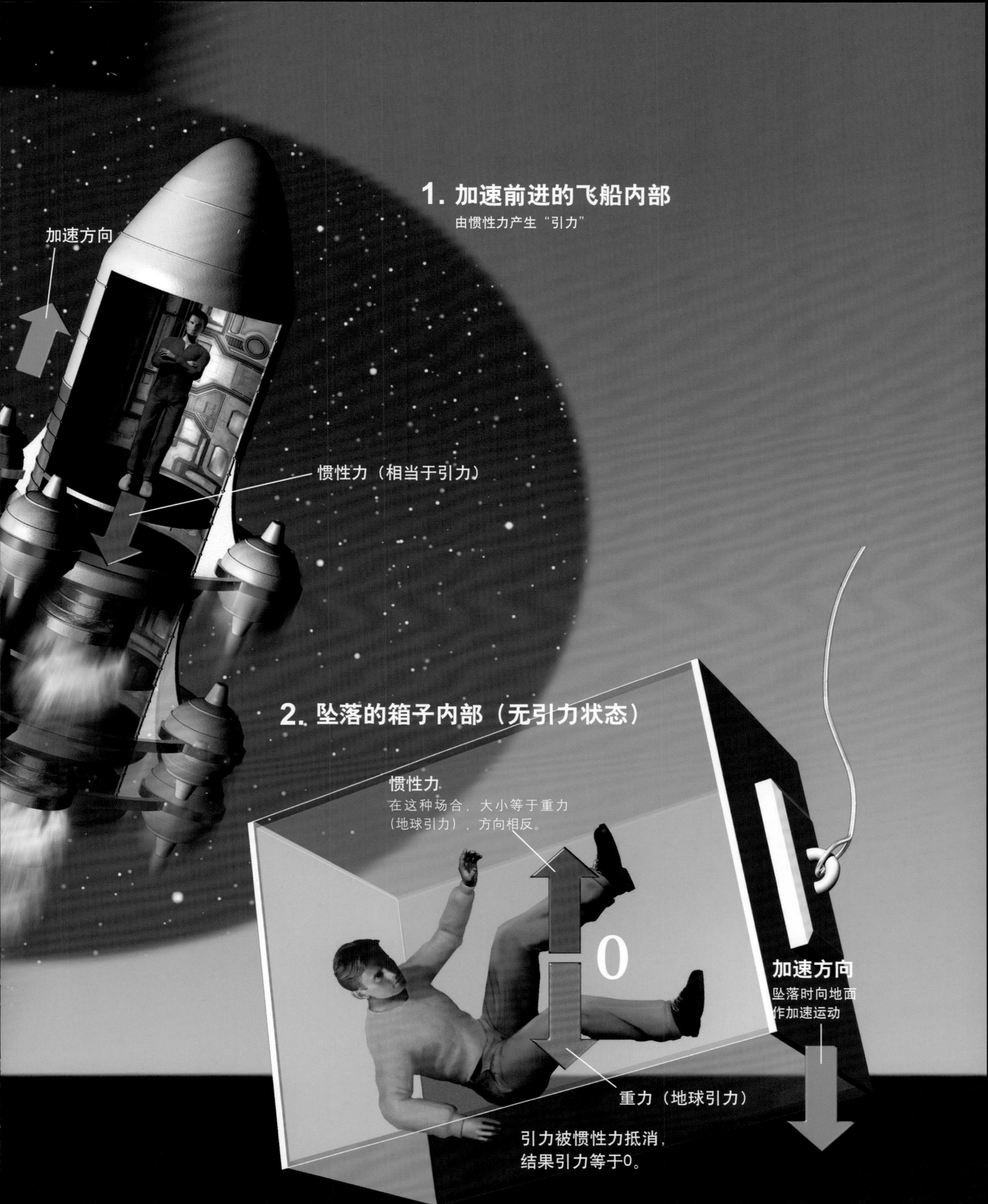

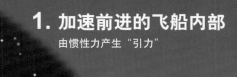

**1. 加速前进的飞船内部**

由惯性力产生"引力"

加速方向

惯性力（相当于引力）

**2. 坠落的箱子内部（无引力状态）**

惯性力
在这种场合，大小等于重力
（地球引力），方向相反。

0

加速方向
坠落时向地面
作加速运动

重力（地球引力）

引力被惯性力抵消，
结果引力等于0。

# 引力消失的话，物体会匀速直线运动

我们把上页介绍的等效原理进一步展开，就可以看到广义相对论的核心了。

如果忽略空气阻力的话，所有物体都会以相同的速度下落，且物体的下落速度与其质量无关。伽利略·伽利雷在比萨斜塔上演示的实验非常有名，他从比萨斜塔上同时抛下两个质量（重量）不同的铁球，结果两个球同时落到了地面（好像并不是真实的故事）。

假设下落的箱子内装有苹果（**1**）。箱子与苹果以完全相同的速度朝向地面落下，所以从箱子内看的话，苹果完全一动不动地停留在同一位置。

那么，如果在同样下落的箱子中，一个人从旁边推球的话，会出现什么结果呢？在地面上的人看来，球做抛物线运动（**2**）。然而，在箱子内的人看来，由于自己也在下落，所以，看上去球的运动中减去了引力导致的下落运动那一部分。也就是说，"抛物线运动－自由落体运动＝匀速直线运动"，箱子内的人会看到以同一速度笔直行进（匀速直线运动）的球的轨迹（**1**）。即对于下落箱子内的人来说，这与位于无引力影响空间内是完全相同的。

在第42页，我们曾列举了一个在列车内向上抛球的例子。可以说，这是该例子所介绍的"抛物线运动－匀速直线运动＝自由落体运动"的另一个版本。

**1.** 在坠落的箱子内部，这里与没有引力影响的惯性系毫无区别

苹果留在原来的位置

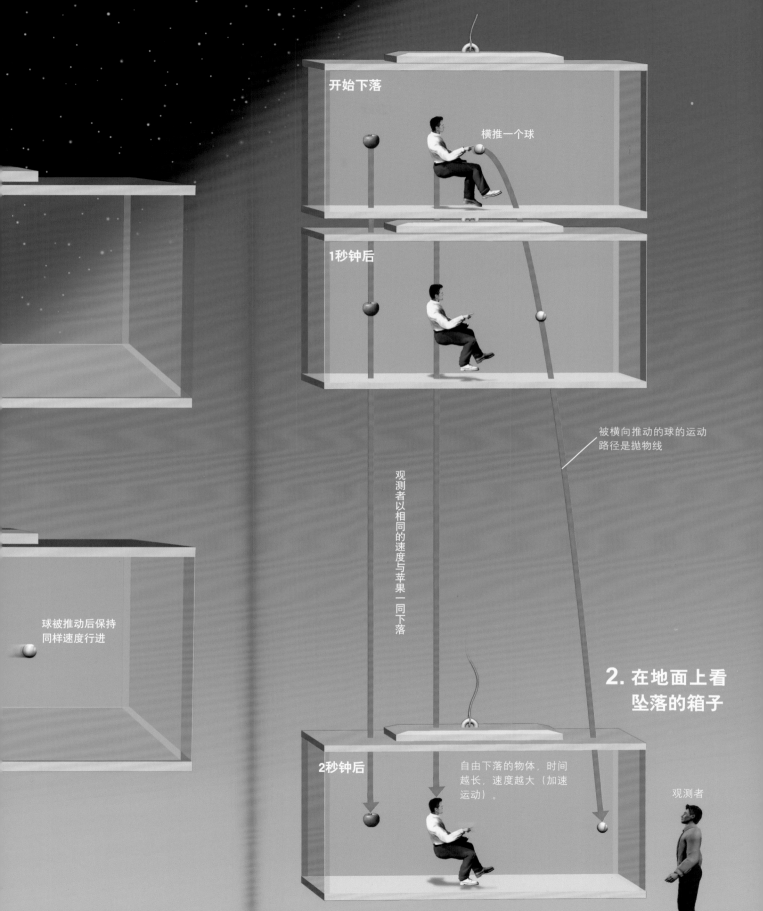

开始下落

横推一个球

1秒钟后

被横向推动的球的运动
路径是抛物线

观测者以相同的速度与苹果一同下落

球被推动后保持
同样速度行进

2. 在地面上看
坠落的箱子

2秒钟后

自由下落的物体，时间
越长，速度越大（加速
运动）。

观测者

# 下落的箱子里可以看作一个惯性系

　　如上页所介绍的那样，引力与物体的质量无关，所有物体都在引力的作用下做相同的加速运动（自由落体运动），所以，下落的箱子里与没有受到引力影响的宇宙飞船里（1）都处于完全相同的状态。也就是说，下落的箱子里可以看作"与没有引力影响的惯性系完全相同"（2）。没有引力影响的惯性系是狭义相对论坚守的"防区"。正如之前所介绍的那样，惯性系是指"处于静止状态或匀速直线运动状态的场所"。不过，根据等效原理，正在下落（朝地面加速运动）的箱子里也可以看作"与惯性系相同"。

　　在这里，我们仅考虑了物体的运动，但爱因斯坦进一步发展了这一想法。他认为，在下落的箱子里，与没有引力影响的惯性系相同，所有的物理定律都成立。这里所说的所有的物理定律也包括决定光传播方式的定律。这是等效原理的核心。

　　根据上述结论，可以推导出一个令人震惊的结论，这就是"引力会导致光线弯曲"！下页将进行详细介绍。

苹果保持在原来位置不动

苹果保持在原来位置不动

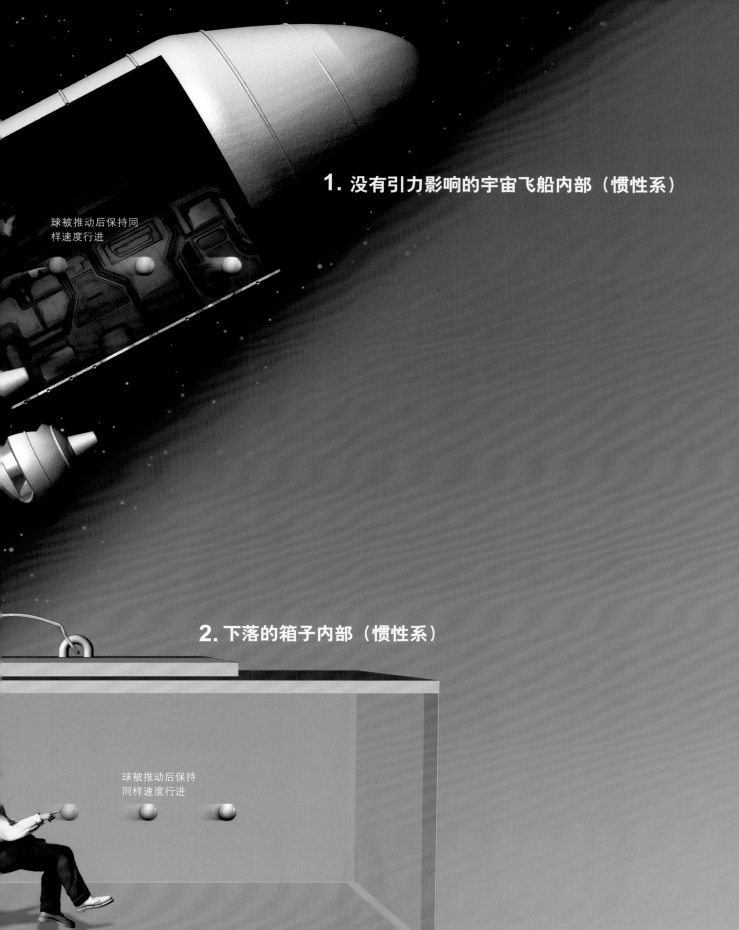

**1. 没有引力影响的宇宙飞船内部（惯性系）**

球被推动后保持同样速度行进

**2. 下落的箱子内部（惯性系）**

球被推动后保持同样速度行进

# 光线在引力场中下落而弯曲！

　　帮助我们理解引力导致光线弯曲的两把钥匙，是"等效原理"和"相对性原理"。如第46页所介绍的，爱因斯坦认为，"在一切惯性系中，所有的物理定律都同样成立"（相对性原理）。承认这个原理，那么，正如前两页的结论，因为可以把坠落的箱子内部视为一个"不受地球引力影响的惯性系"，箱子内部的情形就应该与"没有受到引力作用的宇宙飞船内部"（**1**）的情形完全相同。在飞船内部，光走直线，那么，在坠落的箱子内部，光也应该是走直线（**2**）。

　　130页曾经提到，在坠落的箱子内部看到球沿直线行进，从地面上观测，它的运动路径却是一条抛物线。这就是说，在坠落的箱子内看到的直线轨迹，从地面上看，变弯曲了。如果这里的轨迹是光线，那么就应该是从地上观测，光线变弯曲了※（**3**）！

　　当然，从没有人看见过光向地面"坠落"而形成弯曲的光线。所以看不到光线弯曲，只是因为光的行进速度太快，下落的距离太小了。光每秒行进30万千米，那是23个地球并排成一条直线的长度呢。

※ 这里只是为了强调"从哪里看"才画出这只坠落的箱子，其实光的行进没有受到箱子的任何影响。即使没有箱子，光线也是要弯曲的。

**1. 没有受到引力**

光沿直线行进

失重状态

都无引力影响

**2. 在坠落的箱子内看到的情形**
可以视为没有引力影响的惯性系

光沿直线行进

惯性力（与引力等效）

地球引力影响消失，失重状态

0

地球引力（重力）

## 3. 从地上看坠落箱子的情形
引力并未消失

※ 发出光的瞬间速度为0，此时，箱子开始坠落。

光源

引力

引力导致
光线弯曲

光到达右壁
时光源所在
的位置

引力

地上

地上观测者

注：图中光线弯曲程度有夸张。

# 引力和惯性力都使光线发生弯曲

现在再来考虑另外一种情形。有一艘正在从零速度开始加速的宇宙飞船，飞船外面有一位处于失重状态的观测者（不受引力影响的惯性系）正在观测它（**1**）。假定飞船上的光源发出光束的瞬间，光源还没有开始运动。从不受引力影响的惯性系进行观测，这时的情况与（**2**）的情况相同。飞船外边的观测者看到飞船内光源发出的光应该是直线行进。

现在再来分析在加速的宇宙飞船内观测到的情况。飞船内部的观测者正在随飞船一起作加速运动，而光的行进则不受飞船运动的影响，结果观测者看到光"滞后"了。于是，飞船内的观测者就应该看到光线弯曲。

由于飞船正在作加速运动，产生惯性力的方向与加速方向相反，**宇宙飞船中的人就认为是"惯性力导致了光线弯曲"**。结论是：引力和惯性力都导致光线弯曲。

由此也可以看出，引力和惯性力"等效"。

加速行进
发光瞬间，从速度0开始加速

光到达右壁时光源的位置

加速方向

发出光的瞬间光源速度为0

**从外部观测，光走直线**

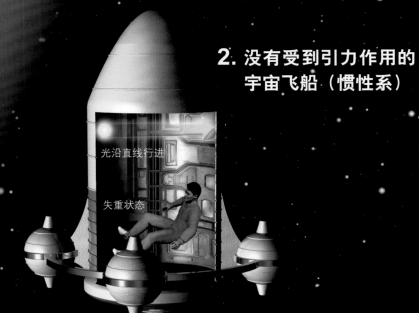

**2. 没有受到引力作用的
宇宙飞船（惯性系）**

光沿直线行进

失重状态

**1. 从加速的飞船外部看到
的情形（惯性系）**
观测者是在没有加速的场所观测，因而没
有惯性力。

**3. 在加速的飞船内看到的情形**
在加速场所观测，有惯性力。

**惯性力（引力）
导致光线弯曲**

惯性力
（与引力等效）

外部观测者（未受引力影响）

惯性力（与引力等效）

# 天体的引力不可能完全消失

下面将介绍"引力导致的空间弯曲"。第126页之后介绍了"在下落的箱子中，引力会消失"。不过，严格地说，天体产生的引力影响在箱子中并没有完全消失。

在解释这一问题之前，首先让我们了解一下加速飞行的宇宙飞船中的惯性力（引力）的影响（**1**）。在加速飞行的宇宙飞船中，两个苹果保持一定的间隔自由落下。在外部观察者（没有引力影响的惯性系）看来，这一情形非常简单明确。从外部看来，只有宇宙飞船的"外壳"在加速前进。苹果漂浮在空中没有受到任何作用力，只是停在原来所在的位置（**2**）。

那么，地球的引力又是怎样的呢？例如，在北京与在赤道上，引力（万有引力）的方向是不同的。这是因为引力总是指向地球中心的缘故（**3**）。也就是说，存在天体产生的引力时，与惯性力不同，两个苹果会在下落的同时一点点地靠近。

根据这一事实，可以推导出天体产生的引力影响并没有完全消失而导致了"空间弯曲"这一违反常识的观点。下页将详细介绍。

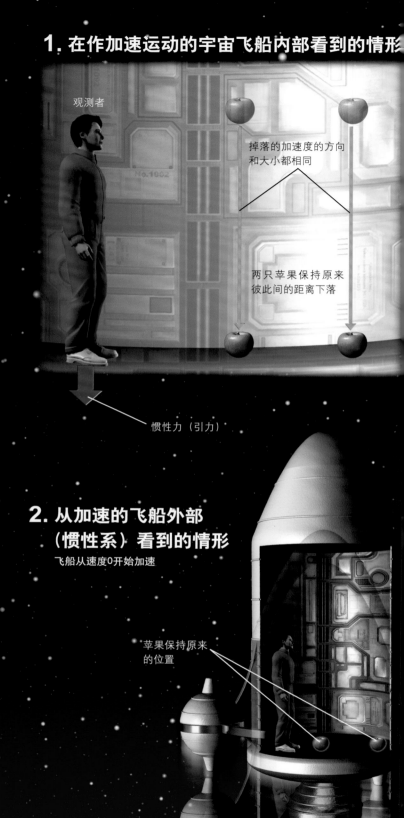

**1.** 在作加速运动的宇宙飞船内部看到的情形

观测者

掉落的加速度的方向和大小都相同

两只苹果保持原来彼此间的距离下落

惯性力（引力）

**2.** 从加速的飞船外部（惯性系）看到的情形

飞船从速度0开始加速

苹果保持原来的位置

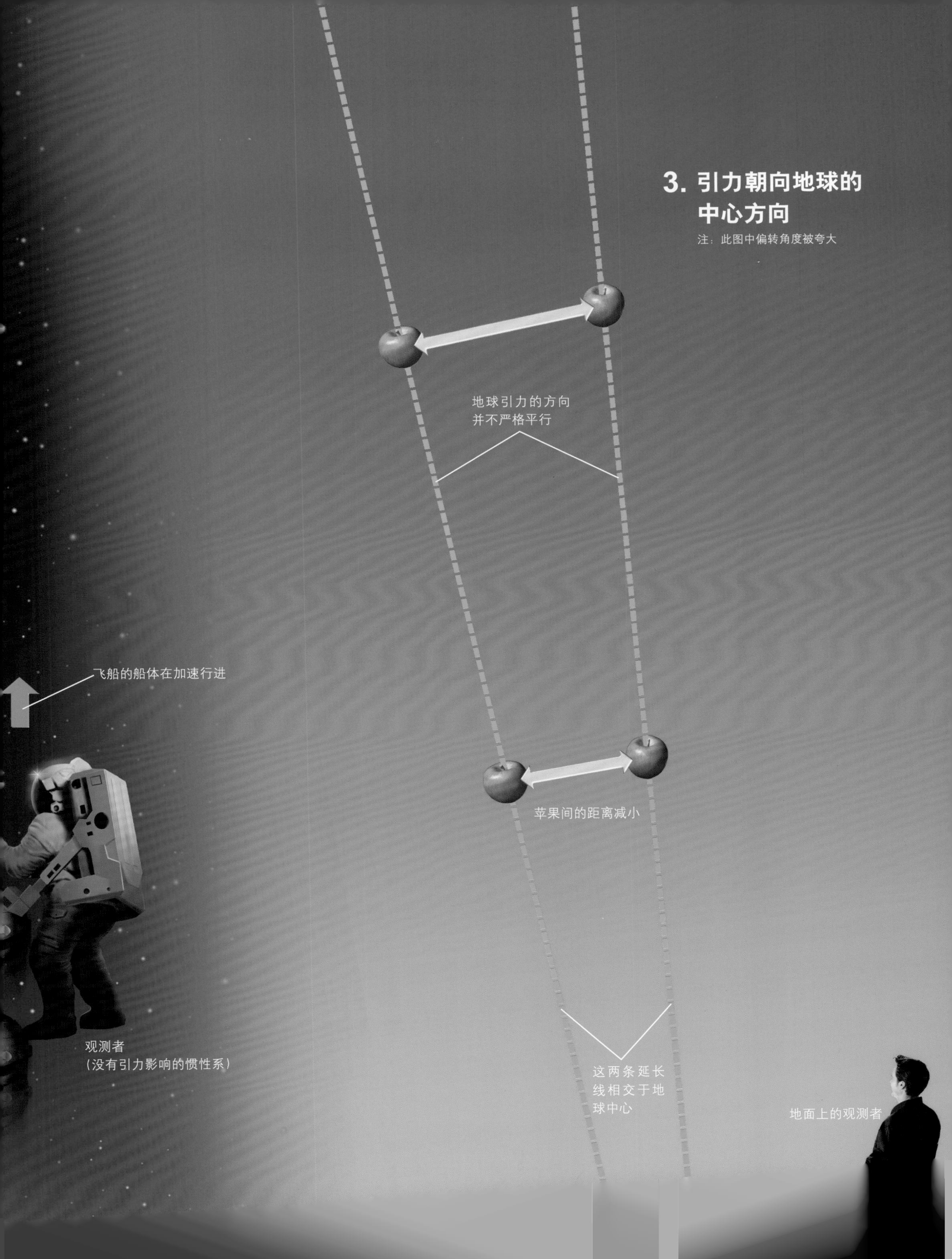

## 3. 引力朝向地球的中心方向

注：此图中偏转角度被夸大

地球引力的方向
并不严格平行

飞船的船体在加速行进

苹果间的距离减小

观测者
（没有引力影响的惯性系）

这两条延长
线相交于地
球中心

地面上的观测者

# 下落是在弯曲的空间中行进

## 地球产生的引力并不相同

注：图片的角度等有所夸张，而且忽略了苹果、人、球之间的万有引力。

上页介绍了两个苹果在地球引力中自由落下的事例。如果在下落的箱子中观察这两个苹果的话，会出现怎样的结果呢？严格地说，这时右侧与左侧的引力方向并不是平行的，而是略微偏向内侧（见右图）。横向并列（漂浮）的两个苹果在随箱子下落的同时逐渐有一点点靠近。

纵向会是怎样的呢？两个物体之间的距离越短，它们之间的万有引力（引力）越大。即便在下落的箱子中，箱子顶部与地板到地球中心的距离也有极微小的不同，所以地板受到的引力略微大一些。结果，纵向排列的球和人会随着时间的推移而稍微离远一点点。

如上所述，地球那样的天体所产生的引力会随着地点而微妙地变化，所以，在不能忽略大小的箱子中，引力的影响并没有完全消失。

否定了万有引力的爱因斯坦是像下面这样考虑下落箱子（图片）的状况的。对于下落的每个苹果（可以忽略大小）来说，作用于自身的引力影响消失了。这样一来，就不能说两个苹果相互靠近是"受到力的缘故"。爱因斯坦认为，没有任何作用力，两个苹果却在相互靠近，这是因为"地球的质量导致了空间弯曲"。尽管这是一个非常奇妙的想法，但认为两个苹果在沿着弯曲的空间前进，所以才会自然而然地相互靠近。

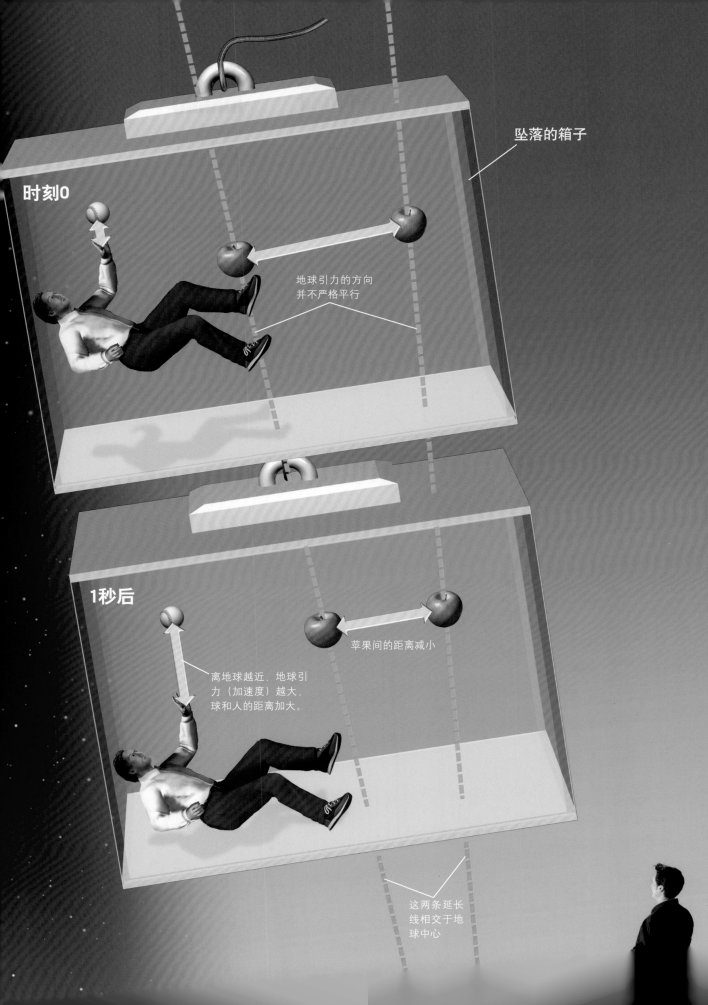

坠落的箱子

时刻0

地球引力的方向
并不严格平行

1秒后

离地球越近，地球引
力（加速度）越大，
球和人的距离加大。

苹果间的距离减小

这两条延长
线相交于地
球中心

# 14 空间弯曲是指什么？

**教授**：根据广义相对论，具有质量的所有物体周围的空间都是弯曲的。

**学生**：我的身体质量也能导致空间弯曲吗？

**教授**：是的。不过，质量越大，空间弯曲也越大。太阳附近的空间是弯曲的，沿着该空间弯曲行进的光也会弯曲（**1**）。不过，就连太阳那么大质量的天体附近，光的弯曲也只有区区的数角秒（角秒是角度的单位，1度的3600分之1）。可以说，人体重量导致的空间弯曲极小。

**学生**：我不能理解为什么光会弯曲。

**教授**：要想理解这一点，首先必须知道光在真空中是沿着两点间的最短距离传播的。

**学生**：光在太阳附近弯曲时，需要额外行进更长的距离吗？我觉得在连接两点的曲线与直线中，曲线的距离更长。

**教授**：在弯曲的空间中，必须更加慎重地考虑。我们生活在3维空间里，所以无法感受到3维空间的弯曲。因此，我们用2维世界，即平面来考虑一下。你知道地图使用的"墨卡托投影图法"吧（**2**）？墨卡托投影图法强制性地用平坦的面表示弯曲的2维球面。

**学生**：利用墨卡托投影图法描绘地图时，越靠近北极和南极，地形越扭曲，看上去比实际更大。

**教授**：在用墨卡托投影图法绘制的地图上，即便用标尺画"直线"，这也不是实际球面上表示最短距离的线。在墨卡托投影图法中，在球面内连接两点间最短距离的线实际上是"弯曲的线"。

**学生**：例如，沿着东京—旧金山之间地表面的最短距离是弯曲的线。

**教授**：就像居住在球面上的平坦的2维人不能绘制弯曲的2维球面那样，居住在平坦的3维空间里的我们也无法绘制弯曲的3维空间。这需要4维以上的空间。因此，如果一定要在平坦空间内绘制弯曲空间的话，就像用墨卡托投影图法绘图一样，连接两点间最短距离的线实际上是曲线。这就是光在弯曲空间中的行进路径看上去弯曲的原因。

**学生**：一提到直线，我们往往只想到平坦平面或平坦空间里的直线，但在弯曲的面或弯曲空间中，需要重新定义新的"直线"。

**教授**：是的。在弯曲的面或空间里，需要把"连接两点间最短距离的线"重新定义为"直线"。而且，光具有在真空中沿着两点间最短距离传播的特点，所以，可以利用光验证空间的弯曲。太阳附近的光沿着弯曲空间的"直线"传播，所以看上去是弯曲的。

# 1. 空间的弯曲

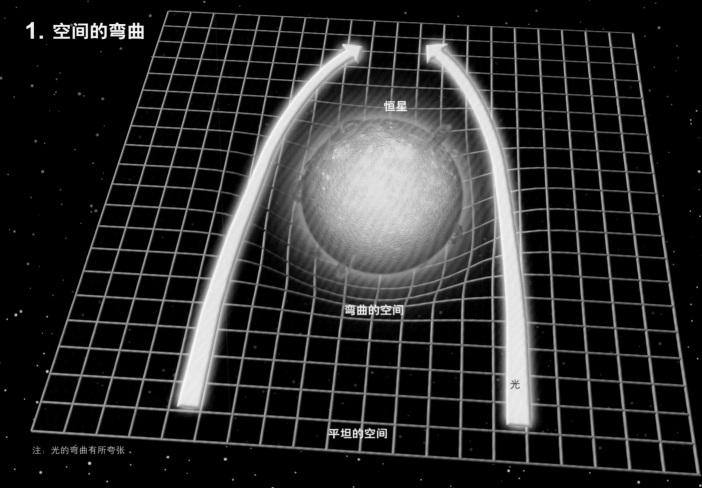

恒星

弯曲的空间

光

平坦的空间

注：光的弯曲有所夸张。

根据广义相对论，具有质量的物体周围的空间会弯曲。上图中，用2维平面（格子）表示3维空间，可以从视觉上表现恒星周围的空间弯曲。可以把弯曲的空间看作类似凹陷的橡胶。由于光沿着弯曲的空间传播，所以行进路径会弯曲。

# 2. 墨卡托投影图法

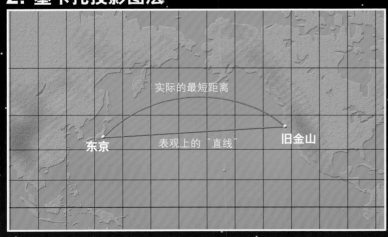

实际的最短距离

东京　　表观上的"直线"　　旧金山

左侧是用平坦的面表示弯曲的2维球面（地表面）的墨卡托投影图法绘制的地图。地图上看上去是直线的线在实际球面上并不是连接两点间最短距离的线。连接东京-旧金山之间实际最短距离的线（球面上的直线）在墨卡托投影图法绘制的地图上是弯曲的线。如果一定要用平坦的面表示弯曲的面的话，"直线"就变弯曲了。

143

# 弯曲的空间似球面

140页说到的"质量导致空间弯曲"是什么意思？先来讨论比较简单的"面（2维）弯曲"的情形。地球的表面（球面）就是面弯曲的很好的例子。

先来说球面上的"直线"是什么意思。我们都知道，若要在球面上画一条普通直线，它非得延伸到球面之外不可。所以，不得不考虑"直线"的其他含义。普通直线被定义为"连结两点的距离最短的线"，那么，球面上的直线也就是"连接球面上两点的距离最短的线"。地球的经线和赤道线就是满足"在球面上"和"距离最短"这两个条件的球面"直线"（**1**）。更确切些说，通过一个球面中心切出的截面所形成的那个圆（叫做"大圆"），就是球面上的"直线"。

现在来看经线。任何一条经线因为都与赤道线垂直相交，所以我们说所有的经线都是"平行"的（**1**）。若有两架飞机从赤道出发，分别沿着两条经线向北飞行，它们自己虽然分别都一直保持着沿直线前进，然而，两架飞机必然会逐渐靠近。两架飞机都没有受到任何使它们彼此靠近的力的作用，可是最终却必然要在北极会合。这就是说，**球面上"平行"的两条"直线"将相交**。我们的常识是平面上的两条平行直线永不相交，由此可知，这个常识不适用于曲面。

上述例子与前面提到的"坠落箱子里的苹果"例子十分相似。两架飞机在曲面上笔直行进，彼此会自然而然地逐渐靠近。同样地，两个苹果"在弯曲的空间中行进自然地逐渐接近"，这是广义相对论的基本思想。也就是说，苹果只是沿着自然的"直线"行进，两个苹果互相靠近，说明空间是弯曲的（**2**）。

## 1. 曲面（球面）

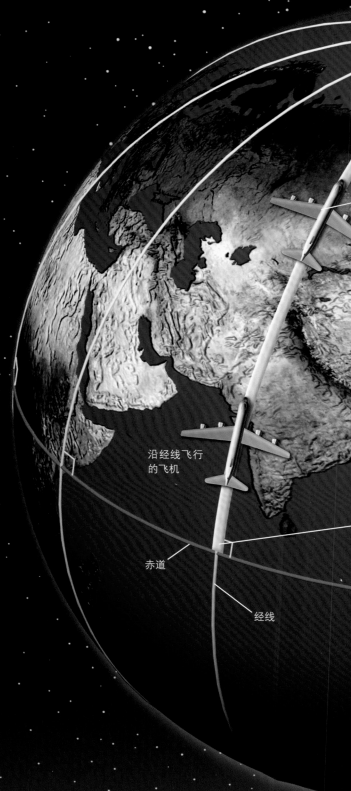

沿经线飞行的飞机

赤道

经线

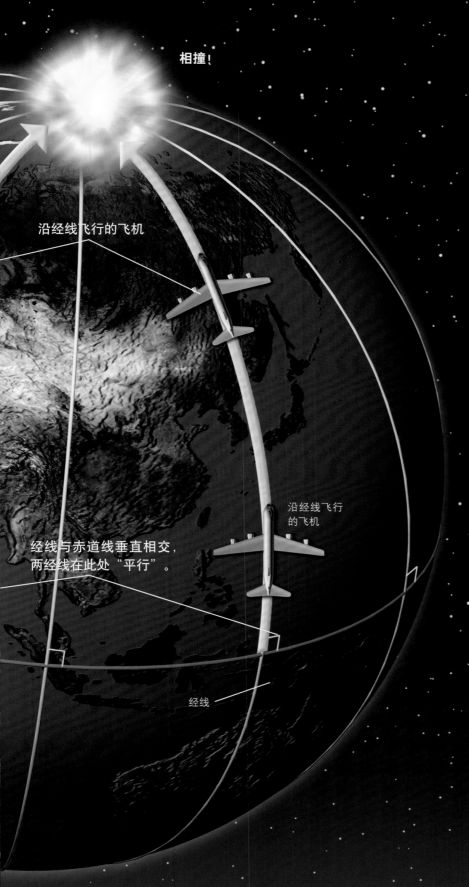

相撞！

沿经线飞行的飞机

经线与赤道线垂直相交，两经线在此处"平行"。

沿经线飞行的飞机

经线

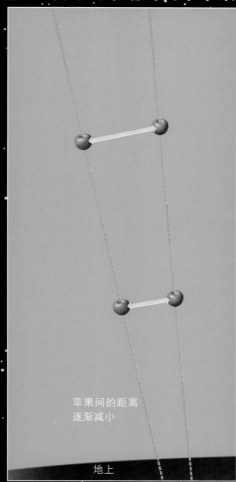

## 2. 因引力而下落的两个苹果

苹果间的距离
逐渐减小

地上

# 因为空间弯曲，光线也弯曲

第134页所介绍的"引力导致光线弯曲"（**1**）与前一页的"两架飞机"的情况是一样的。由于光是在因地球的质量导致弯曲了的空间里行进，因此，光行进的轨迹（光线）也是弯曲的。同两架飞机的例子一样，光在弯曲空间里其实是在"笔直"行进。

图**2**中画出的是由一颗恒星的质量导致弯曲的空间和两束经过恒星附近的光线。像地球表面那样的2维（面）世界的弯曲，我们倒是可以像本页图中那样把它画成好似悬浮在3维空间中的图像来加以表示，可是由于我们人类自己就身处在3维空间之中，却无法在脑中形成3维空间弯曲的正确图像。

出于这种无奈，在本页的图**2**中，便只好省略掉3维空间的一个维，利用2维的纸面来表示3维空间的弯曲（网格部分）。本来应该是相互平行的两束光，由于是在恒星周围的弯曲空间中行进，结果也弯曲了，彼此越来越靠近。

下面两页，我们还要详细讨论弯曲空间与引力之间的关系。

## 1. 光线在弯曲空间中"直线"行进

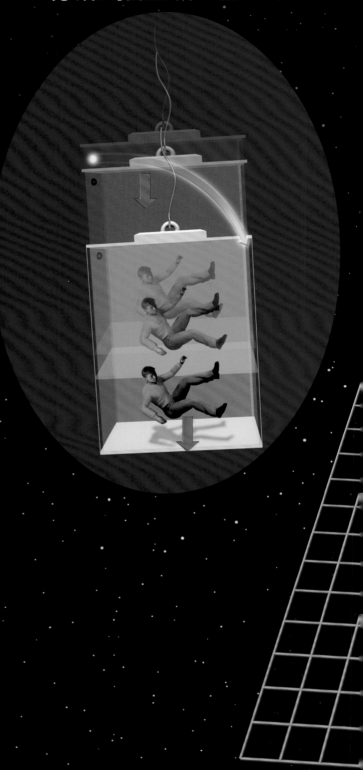

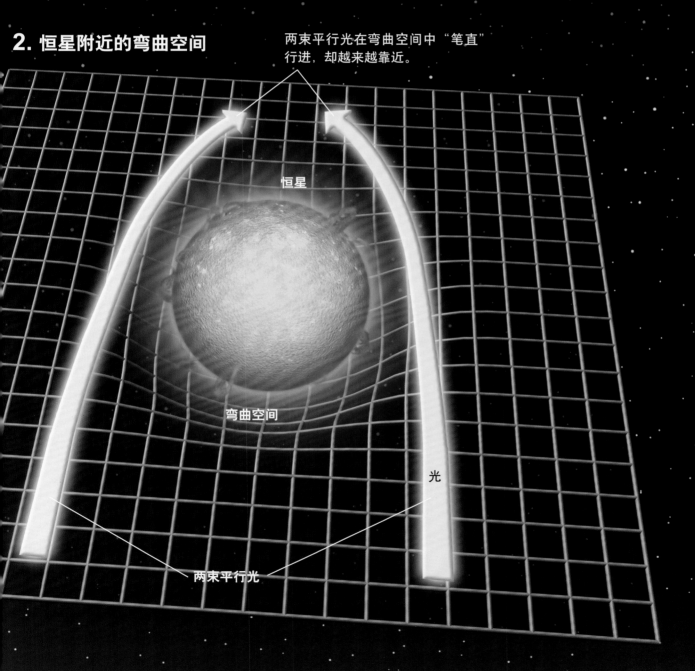

## 2. 恒星附近的弯曲空间

两束平行光在弯曲空间中"笔直"行进，却越来越靠近。

恒星

弯曲空间

光

两束平行光

# 引力是空间弯曲产生的一种力

## 1. 具有质量的天体附近，空间出现弯曲

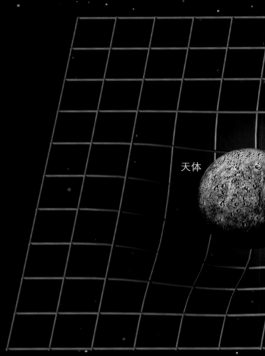

天体

这里继续讨论空间弯曲与引力之间的关系。请看图**1**。有两个天体，它们的质量分别使自己周围的空间发生了弯曲。我们可以把空间想象成其上放有铅球的"厚橡皮垫"。如果在橡皮垫上隔开一点距离放上两只铅球，橡皮垫受压变形，两者将变得稍微靠近一些。

与此类似，所谓引力，不过是空间弯曲产生的一种现象。质量越大，空间弯曲就越厉害。即，**质量使空间弯曲，空间弯曲则产生引力**。

这样一种思想，同牛顿的万有引力定律是非常不同的（**2**）。

请看图**3**。太阳是一个大质量的天体，它使其周围的空间发生了弯曲。太阳系里的行星就是受到这种空间弯曲的影响才围绕着太阳公转。这就像把一粒玻璃球投进研钵里，玻璃球便会在研钵内壁的斜面上滴溜溜转圈。在这个例子中，由于存在着摩擦，玻璃球会转得越来越慢，最后落到钵底。然而行星是在真空中运动，没有什么阻力，因而能够围绕太阳不停地运行。

天体

相互靠近

## 2. 万有引力定律对引力的解释

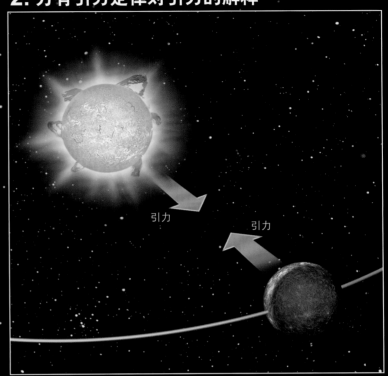

引力

引力

## 3. 受太阳弯曲空间影响的地球

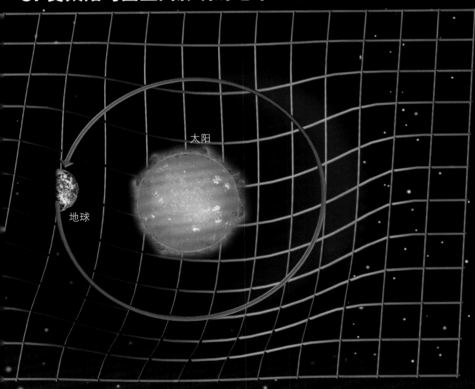

太阳

地球

# "黑洞"和引力波
## ——广义相对论的预言

**1. 使空间极度弯曲的黑洞**

　　图1中是一个非常奇特的天体，叫做"黑洞"，其视界内压缩了巨大的质量。在黑洞附近，空间弯曲得非常厉害，以至于经过附近的光都要被它吸进去。因为黑洞要吞噬光线，远处看去，像一个黑漆漆的洞口，所以得了这个名称。光一旦进入具有巨大质量的黑洞，就再也跑不出来。

　　黑洞的存在也是广义相对论的预言，如今已经在宇宙空间实际观测到了，而且了解到它的一些情况。

　　此外，广义相对论还预言存在着传递引力的"引力波"。就像水面上传播的波纹，当一只铅球掉落在橡皮垫上时，橡皮垫因被挤压而产生的形变也会以波的形式向四周传播。同样，一个大质量的天体在空间运动也要导致空间变形，而这种空间形变也要向四周传播。这种波被称为引力波。

　　图2中画出的是两个质量非常大的天体在互相绕转时所产生的引力波。

**2. 向四周传播的空间形变（引力波）**

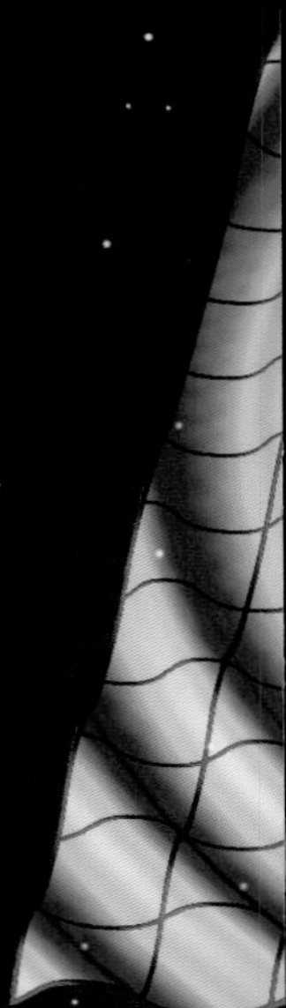

　　不过，万有引力定律假定了"引力以无限大的速度传播"，这就与狭义相对论有矛盾。其实，引力波也是以每秒30万千米的速度传播。

　　2016年，科学家首次发现引力波（详细情况见196页），为爱因斯坦的成就添上了更耀眼的光辉。

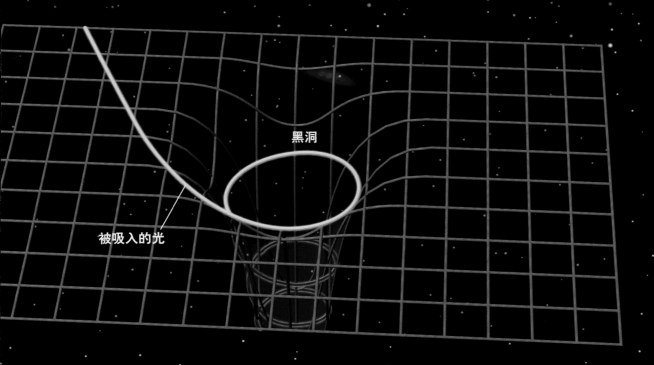

黑洞

被吸入的光

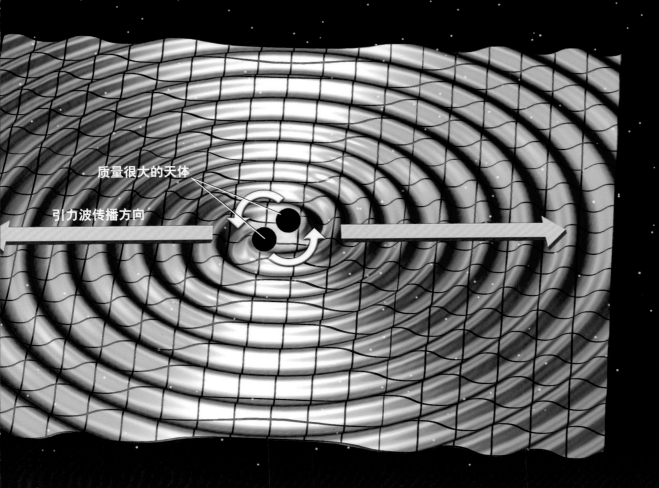

质量很大的天体

引力波传播方向

# "平行线"在弯曲的空间里相交

让我们再考虑一下"空间弯曲"的意思。"平行线"是理解空间弯曲的关键。众所周知，在我们日常学习的几何学（处理图形的数学）中，平行线永远不会相交。然而，我们也可以设想存在一个看上去好像平行的两条直线交叉在一起的与众不同的几何学的世界。这就是非欧几里得几何学，它不同于我们日常学习的常识性的欧几里得几何学，是广义相对论的数学基础。

下面，让我们具体了解一下非欧几里得几何学的世界。请看图1，左侧为欧几里得几何学成立的区域，右侧为非欧几里得几何学成立的区域，但在右侧出现了一件非常神奇的事情——"两条本来应该平行的直线交叉在一起了"。由于这一区域与类似球面的曲面非常相似，所以，加上高度方向后，可以形象地显示为图2。不过，对于根本不知道存在"高度"的平面人来说，他们只会认为自己生活的世界终归还是1那样的世界。

如果把上面的例子适用于我们人类生活的3维空间的话，会是什么样子呢？看上去平行的两条直线交叉在一起的空间可以表现为"弯曲的空间"。与平面人一样，我们人类也根本没有办法"亲身感受"3维空间的弯曲。但是，与平面世界相同，如果在宇宙规模上绘制平行线或三角形的内角之和的话，则可以确认空间是不是弯曲的。

如第146页所示，平行的两束光在大质量天体附近会弯曲靠近，最终交叉在一起。也就是说，大质量天体附近是"弯曲的空间"，是非欧几里得几何学成立的区域。

以下两图的左侧都是欧几里得几何学的世界，右侧都是非欧几里得几何学的世界（但都是2维的平面世界）。在非欧几里得几何学的世界里，会发生一些奇妙的现象，例如"本来应该平行的两条直线交叉在一起""三角形的内角之和大于180°""周长小于半径的2π倍"，等等。将其适用于我们生活的3维空间的话，则是"弯曲的空间"。

然而，即便在非欧几里得的区域中，我们也无法实际感受到"空间的弯曲"。不过，如果用"光"绘制"宇宙规模的平行线"的话，或许可以验证空间的弯曲。之所以用光，是因为光总是沿着两点间的最短距离——直线传播，最适合作为直线的基准。

## 1. 具有非欧几里得区域的平面世界

常识几何学成立的区域
（欧几里得区域）

三角形内角之和等于180°

## 2. 增加高度方向使非欧几里得区域显得直观的平面世界

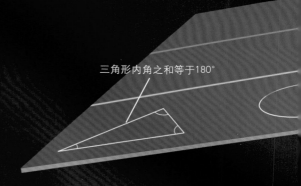

三角形内角之和等于180°

常识几何学成立的区域
（欧几里得区域）

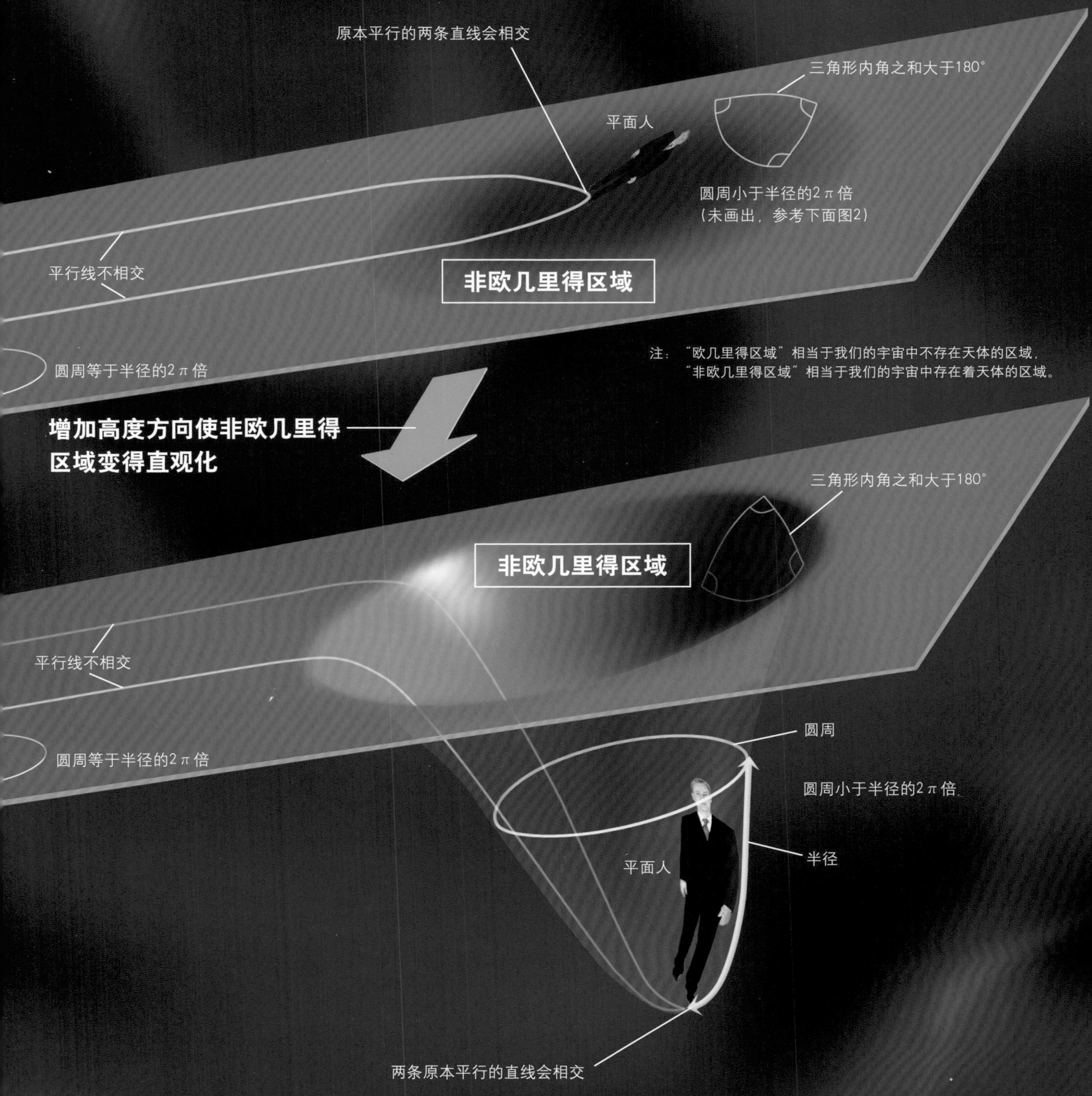

原本平行的两条直线会相交

三角形内角之和大于180°

平面人

圆周小于半径的2π倍
（未画出，参考下面图2）

平行线不相交

**非欧几里得区域**

圆周等于半径的2π倍

注："欧几里得区域"相当于我们的宇宙中不存在天体的区域，
"非欧几里得区域"相当于我们的宇宙中存在着天体的区域。

**增加高度方向使非欧几里得**
**区域变得直观化**

三角形内角之和大于180°

**非欧几里得区域**

平行线不相交

圆周

圆周等于半径的2π倍

圆周小于半径的2π倍

平面人

半径

两条原本平行的直线会相交

153

# 引力使光速发生变化

现在来讨论引力和时间之间的关系。右图表示的是远处的一位观测者在观测一个很大的范围时，他所看到的一个质量非常大的恒星的引力导致一束光线发生弯曲的情形。由于他所观测的那束光实际上是一条光带，具有一定的宽度，光带离恒星较远的边缘的长度（**AB**之间）要比离恒星较近的边缘的长度（**CD**之间）长一些。这意味着，光沿着**CD**部分行进似乎应该比沿着**AB**部分行进慢一些。这难道不是违背"光速不变原理"吗？事实并非如此。

的确，在远处的观测者看来，光速好像因地点而异。但是，位于光带外边缘的那位观测者**X**，他看到的眼前的光仍然是以每秒30万千米的速度直线行进。这是因为，观测者**X**所处的观测地位与第134页图**2**中"正在下落的观测者"的观测地位是一样的，也是处在一个不受引力影响的惯性系中。位于光带内边缘的观测者**Y**，他看到的眼前的光，道理一样，也仍然是以每秒30万千米的速度直线行进。这就是说，在存在着天体引力影响的场合，只有在观测者各自的近处范围，光速不变原理才是成立的。至于远处的观测者，在他看来，光速是要变化的。

注：此图为非常遥远的观测者所见到的情形

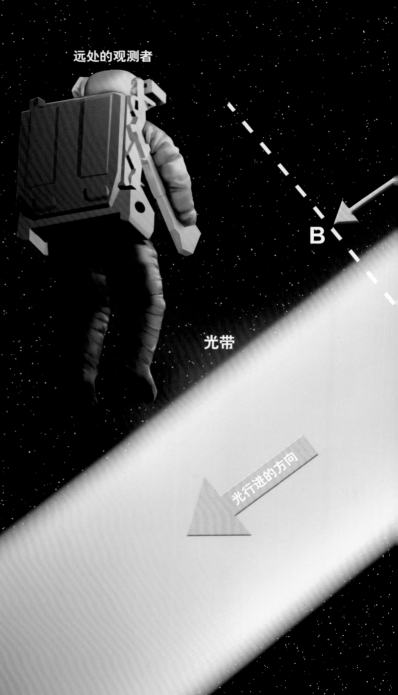

远处的观测者

B

光带

光行进的方向

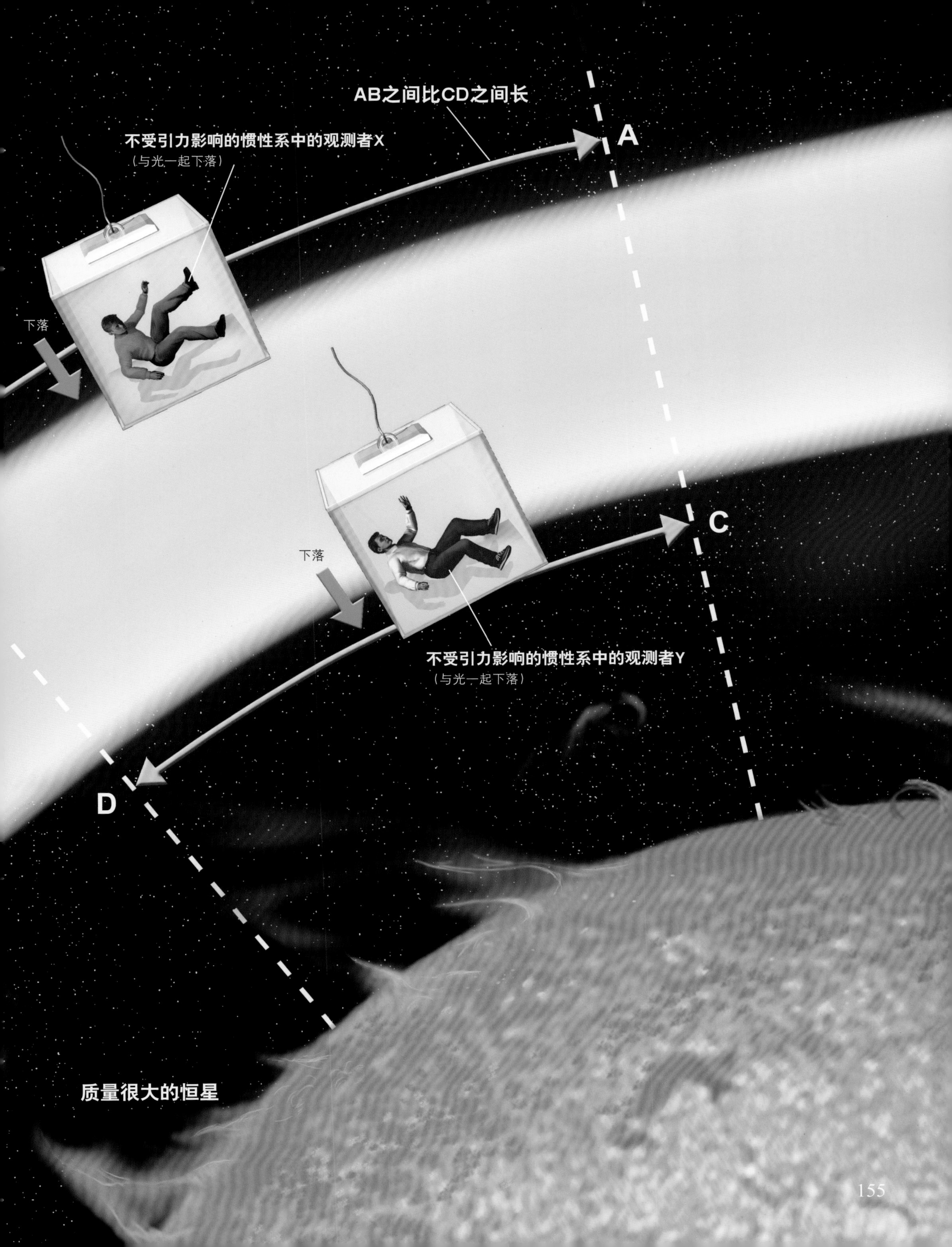

AB之间比CD之间长

不受引力影响的惯性系中的观测者X
（与光一起下落）

A

下落

不受引力影响的惯性系中的观测者Y
（与光一起下落）

C

下落

D

质量很大的恒星

155

# 引力越强的地方时间流逝越慢

我们知道，"光传播的距离=光速×时间"，对于观测者X与Y来说，光速总是每秒30万千米，但"距离AB>距离CD"，因此，如果观测者Y的时间流逝不比观测者X的时间流逝慢的话，则不符合情理。结果，由于光带内侧，即在恒星附近引力大的地方，时间流逝会变慢，所以，在远处的观测者看来，光的行进速度好像变慢了。也就是说，引力越大的地方时间流逝越慢！而且，这不是第72页所介绍的"相互的"时间延迟。引力大的地方的时间流逝必定会变慢！

正如第10页的"广义相对论要点"所介绍的那样，在甚至会吞噬光的引力极大的黑洞视界，时间是静止的（2）。虽然这很难令人相信，但广义相对论就是这样预言的。

正如之前所介绍的那样，相对论认为，时间与空间总是同时膨胀或收缩或弯曲的。时间与空间密切相连，不可分开。因此，相对论把时间与空间当做一个不可分割的整体，称为时空。之前我们一直表达为"质量会导致空间弯曲"，但如果存在质量的话，也会影响到时间的流逝，所以，科学家也经常使用"质量会导致时空弯曲"这种表达方法。

## 1. 引力越强的地方时间越慢

观测者X的时钟

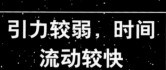

引力较弱，时间流动较快

B

## 2. 在黑洞边缘时间停止

黑洞

被黑洞吞噬的光

在黑洞视界上时间停止

光行进的方向

光带

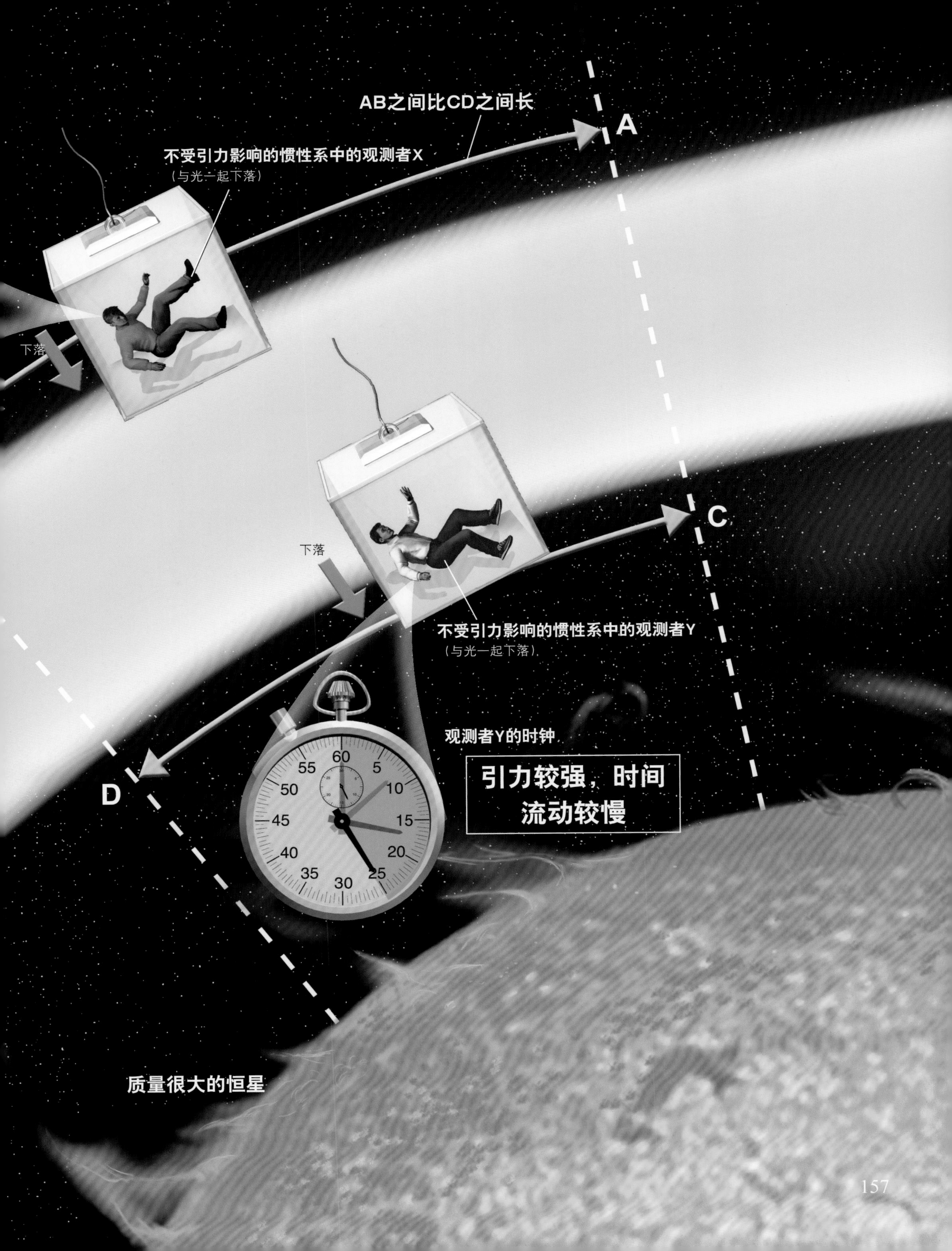

AB之间比CD之间长

不受引力影响的惯性系中的观测者X
（与光一起下落）

下落

A

不受引力影响的惯性系中的观测者Y
（与光一起下落）

下落

C

观测者Y的时钟

**引力较强，时间
流动较慢**

D

质量很大的恒星

157

# ⑮ 引力导致的时间变慢与狭义相对论的时间变慢有什么区别？

**学生**：根据广义相对论，即便没有运动，引力也会导致时间流逝变慢，这与狭义相对论的"相互时间变慢"（见**Q&A7**）不同吗？

**教授**：引力导致的时间延迟并非狭义相对论中的相互时间变慢，可以说是"绝对的时间延迟"。

**学生**：绝对的时间延迟是什么意思？

**教授**：考虑在月球上空以接近光速飞行的宇宙飞船时，从月球上看，宇宙飞船的时间流逝变慢了。反过来说，从宇宙飞船上看，则是月球的时间流逝变慢了（见**Q&A7**）。然而，引力导致的时间延迟与这个例子不同。让我们比较一下站在引力大的天体表面的观察者A的附近与漂浮在天体引力影响不到的遥远宇宙空间中的观察者B附近的时间流逝快慢。从位于天体表面的观察者A的角度来看，没有受到引力影响的观察者B的时钟运行看上去变快了。而且，从没有受到引力影响的观察者B的角度来看，天体表面的观察者A的时钟运行看上去变慢了。

**学生**：这与狭义相对论不同。坦率地说，这也符合情理。

**教授**：无论从哪一方来看，引力大的地方的时间流逝肯定会变慢，不会出现因观察者不同、时间流逝变慢的一方转换的情况。不过，位于引力大的天体附近的观察者A如果仅仅观察自己周围的话，根本不会觉察到时间流逝变慢了。这是因为那里所有物体的运动都变慢了。这与狭义相对论中所说的时间延迟是相同的。所谓的时间变慢或变快，说到底是与条件不同的其他场所相比较之后才能理解的。

## 即便时间停止了，本人也察觉不到

**学生**：在引力更大的黑洞视界，时间停止了吗？从黑洞的视界附近向外看，会看到外面世界的时间在以猛烈的速度流逝吗？

**教授**：是这样的。反过来说，当从距离黑洞非常遥远的地方观察坠入黑洞的人时，由于时间流逝会不断变慢，所以，看上去下坠运动在逐渐减慢。越靠近黑洞视界，时间流逝越无止境地变慢，所以从外部看的话，落入黑洞中的人看上去几乎停止了下坠。这意味着时间在黑洞视界停止了。

**学生**："时间流逝变慢"本来已经令人感到不可思议了，但"时间停止流逝"更让人无法信服。位于黑洞视界的人甚至无法动弹吧？

**教授**：对本人来说，不是这样的。正如刚才所介绍的那样，说到底，观察者应该感觉到自己周围的时间和平时一样，没有任何变化。

**学生**：尽管坠入了黑洞中，但从外部看上去好像停止了下坠，这是多么不可思议呀。

**教授**：我再补充一下，引力可以拉长光的波长，这称为引力红移。因此，来自黑洞附近的可见光的波长会变长，变成肉眼无法看到的红外线等。在上面的例子中，从外部观察时，表现为"下坠的人在黑洞界面看上去几乎停止了下坠"。这里，请理解为假设外部观察者利用观测设备也可以"看到"可见光以外的光。

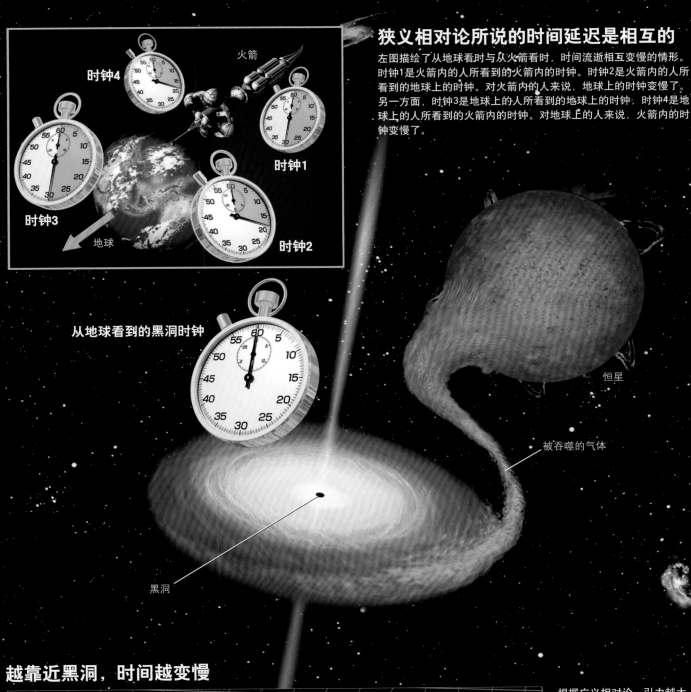

## 狭义相对论所说的时间延迟是相互的

左图描绘了从地球看时与从火箭看时,时间流逝相互变慢的情形。时钟1是火箭内的人所看到的火箭内的时钟。时钟2是火箭内的人所看到的地球上的时钟。对火箭内的人来说,地球上的时钟变慢了。另一方面,时钟3是地球上的人所看到的地球上的时钟,时钟4是地球上的人所看到的火箭内的时钟。对地球上的人来说,火箭内的时钟变慢了。

时钟4

火箭

时钟1

时钟3

地球

时钟2

从地球看到的黑洞时钟

恒星

被吞噬的气体

黑洞

## 越靠近黑洞,时间越变慢

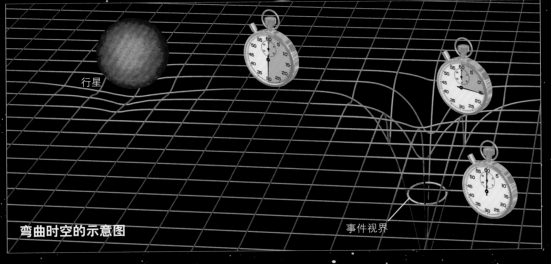

行星

弯曲时空的示意图

事件视界

根据广义相对论,引力越大的地方,时间流逝越慢。图中用秒表的跳动表示时间延迟。尤其是黑洞这种具有无比巨大引力的天体甚至连光都会吞噬,时间流逝在黑洞视界完全停止了。距离黑洞越远,时间流逝越快。

# 16 什么是"双生子佯谬"——之②

**教授**：首先，我们回顾一下第76～77页介绍过的双生子佯谬。

**学生**：有两个孪生兄弟，哥哥乘坐高速飞行火箭到遥远的星球旅行后返回地球，由于高速运动的哥哥的时间流逝变慢了，所以，哥哥返回地球后应该比弟弟年轻。但是，在哥哥看来，是弟弟在高速运动，所以弟弟的时间变慢了，应该是弟弟年轻。双生子佯谬是关于如何解释这个矛盾的话题。

**教授**：是的。第76～77页所介绍的双生子佯谬的结论是"乘坐火箭旅行的哥哥比留在地球上的弟弟年轻"。

**学生**：是的。不过，第76～77页介绍的解决方法包含"以光速60%飞行的火箭瞬间折返"等实际上不可能实现的假设。

**教授**：第76～77页是利用狭义相对论考虑的解决方法。我们来看看使用了广义相对论的更现实的方法吧。

**学生**：更现实的方法是什么方法呢?

**教授**：假设在地球上发动火箭发动机，火箭以一定的加速度飞往其他星球（假设为期间**A**）。在抵达地球与星球中间点（距离地球3光年的点）的瞬间，火箭发动机逆向喷射，让火箭减速飞向星球（期间**B**）。抵达星球后，火箭以零速折返，并经同样的加速（期间**C**）与减速（期间**D**）后返回地球。

**学生**：这个假设也能确定哥哥比弟弟年轻很多吗?

**教授**：首先，让我们分别看看各期间内兄弟两人的时间流逝差异。

根据等效原理，在期间**A**中，因火箭的加速运动会产生朝向地球方向的"表观引力"。这样一来，哥哥会受到极大的引力作用，所以时间流逝变慢。

另一方面，在期间**B**中，引力方向相反。因火箭的减速运动会产生朝向星球方向的"表观引力"。这样一来，哥哥在这里也会受到极大的引力作用，所以时间流逝变慢。

接下来，在期间**C**中，因火箭加速运动会产生朝向星球方向的"表观引力"。也就是说，哥哥在这里也会受到极大的引力作用，所以时间流逝变慢。

同样，在期间**D**中，因火箭的减速运动会产生朝向地球方向的"表观引力"。同样，哥哥在这里也会受到极大的引力作用，所以时间流逝变慢。

**学生**：也就是说，哥哥的时间在所有期间内都变慢了。我明白了，利用等效原理可以更简单地理解。

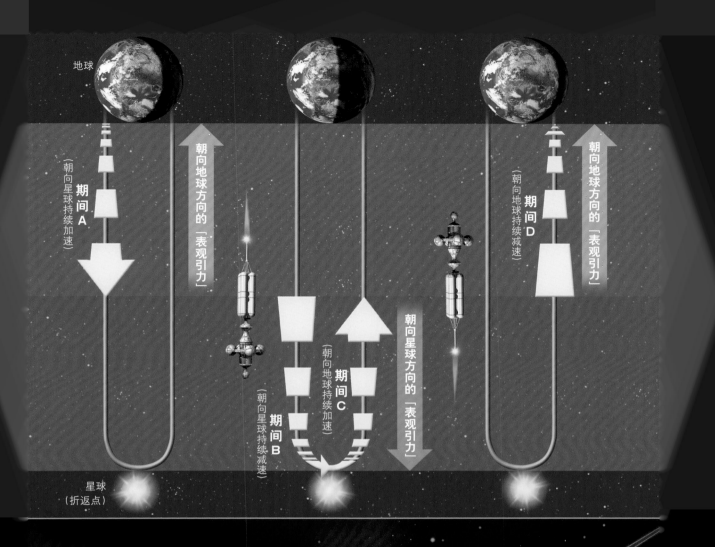

地球

期间A
(朝向星球持续加速)

朝向地球方向的「表观引力」

星球
(折返点)

期间B
(朝向星球持续减速)

期间C
(朝向地球持续加速)

朝向星球方向的「表观引力」

期间D
(朝向地球持续减速)

朝向地球方向的「表观引力」

## 孪生兄弟中，哥哥和弟弟谁的年龄更大一些？

站在弟弟的立场上来看，哥哥乘坐的火箭高速远离地球而去，之后又高速靠近地球。由于高速运动的物体的时间流逝会变慢，所以哥哥的时间流逝比弟弟慢。返回地球后，兄弟两人再次见面时，哥哥比弟弟要年轻许多。另一方面，在哥哥看来，是弟弟在高速运动。因此，弟弟会变老较慢，再次相见时，弟弟应该比哥哥年轻。这一矛盾称为双生子佯谬。

哥哥乘坐的火箭

乘坐火箭的哥哥

留在地球上的弟弟

这里对"广义相对论入门"部分的内容做一个小结。以"等效原理"为基础，便得到把引力纳入进来的广义相对论。广义相对论揭示了引力与时空（时间和空间）之间的关系。

## 1 等效原理
（第126～133页）

　　在作加速运动场所进行观测时出现的"惯性力"，在本质上与引力没有区别。这就是"等效原理"。

　　在下落的箱子中，引力被惯性力完全抵消，引力消失。

　　广义相对论是基于等效原理建立起来的。下面的**2～4**，小结了广义相对论所揭示的引力与时空之间的那些关系。

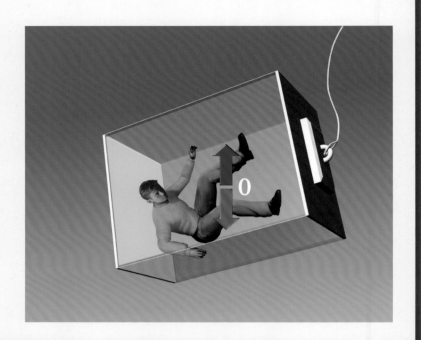

## 2 引力使光线弯曲
（第135～137页）

　　由于光的行进速度太大，在地球上察觉不到光线弯曲。其实，光在地球引力（重力）作用下，其行进路径是弯曲的，可以说也在"下落"。

　　在太阳附近，引力导致光线弯曲已经为天文观测所证实。

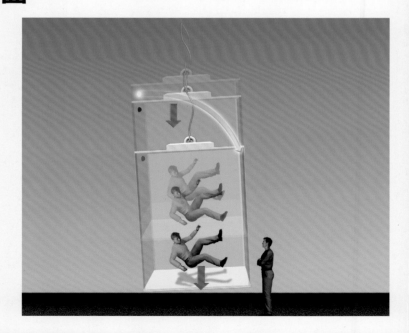

# 3 引力使空间弯曲

（第138～153页）

具有质量的物体会使周围空间发生弯曲。光线经过大质量天体附近发生弯曲，就是空间弯曲的结果。光在空间弯曲的部分也是"直线"行进。

引力可以说就是质量使周围空间弯曲而产生的一种效果。

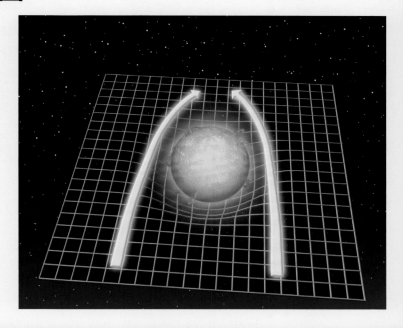

# 4 引力使时间流动变慢

（第154～157页）

引力越强的地点（大质量天体附近），时间流动越慢。

狭义相对论的时间变慢是相对的，而引力导致的时间变慢却不是相对的。在引力强的地点，时间的流动必定要减慢。

存在着引力特别强的如黑洞那样的天体，离它越近，时间流动越慢。如果行进到黑洞的视界，时间甚至会停止。

本书主编佐藤胜彦教授

读完本书第1～4章，我们知道了为什么会出现种种不可思议的相对论效应。作为对之前内容的总结，本书编辑就"相对论如何发展，结果将会如何？""科学给人类带来了什么？"两个问题请教了本书主编、日本东京大学的佐藤胜彦教授。下面就是这次对话经过整理的内容。

**编辑**：相对论的内容非常丰富，您能否用一句话来概括它究竟是一种怎样的理论？

**佐藤教授**：可以这样说，相对论是彻底改变了人们关于时间和空间的观念的一种理论。按照一种全新的观念来考察时间和空间，马上就搞清楚了速度存在着一个上限（第96页）、质量和能量是同一个事物（第106页）、引力导致光线弯曲（第134页），以及由于引力导致空间弯曲而产生的（第148页）各种稀奇古怪的相对论效应。

**编辑**：对当时公认的时间和空间观念提出质疑，结果就产生了硕果累累的理论。

### 相对论已经被许多实例所证实

**编辑**：比如"时间流动变慢"，相对论的世界同人们的日常经验真是大不相同。接受起来，开始非常别扭。

**佐藤教授**：相对论的世界与大家日常对时间和空间的感受相去甚远。刚接触相对论的人，对理论的结论确实难以相信。不过，相对论应用在各种各样的问题上都

是正确的，并已经得到了证实。

**编辑**：在这本相对论的书中就介绍了许多例子，如"全球定位系统（GPS）"（第54页、第192页）、"μ子寿命变长"（第92页）、"原子能发电站"（第108页）、"光经过太阳附近发生弯曲"（第122页）等。

### 时间和空间都是"相对的"

**佐藤教授**：在相对论问世以前，牛顿的"绝对时间和绝对空间（或绝对坐标）"（第34页）已经成为人们的常识。人们以为，不论在什么情况下，时间总是按照固定的快慢流动；不论谁来看，1米长（空间）总是1米。这就是把时间和空间都看成是绝对的。"绝对的"，意思就是"不受任何条件的影响"。然而，爱因斯坦否定时间和空间是绝对的，他指出时间和空间都是相对的。这一点，是相对论的核心。

**编辑**：按照词典上的解释，"相对的"和"绝对的"意思相反。说时间和空间是"相对的"，那是什么意思呢？

# 期望出现第二个爱因斯坦！
## 【同相对论有关的待解之谜】

### 1. 微观世界里的引力

广义相对论给我们留下了一大难题。那就是，广义相对论与说明电子一类基本粒子微观世界的"量子力学"不相容，"关系恶劣"。例如，连光也要被其吞噬的具有强大引力的"黑洞"，它其实是内部物质全部被挤压崩溃，集中于一点的奇异天体。如此小的一个点却集中了10倍以上太阳的质量，密度之大可想而知。因此，要想研究黑洞的中心是怎样一个世界，就必须应用到一种把属于引力理论的广义相对论和属于微观世界理论的量子力学二者结合在一起的"终极理论"。现在有一种进行这种追求的理论叫做"超弦理论"（其出发点是假定一切基本粒子都产生自具有长度的弦线）。但是，把广义相对论和量子力学融合为一体的目标并未实现。如果"终极理论"得以建立，那么，与黑洞具有同样超密度值的刚诞生出来的宇宙的情形，也许就可以搞清楚了。至于宇宙是如何诞生的，即使是"终极理论"，恐怕也回答不了。

### 2. 宇宙的未来和暗能量

同宇宙诞生之谜一样，宇宙的未来对于我们也仍然是一个谜团。根据广义相对论，宇宙是既可以膨胀也可以收缩的。"大爆炸宇宙论"（第198页）出现以后，在20世纪90年代后期，科学家又认为，"在宇宙各处充满了能够加速宇宙膨胀的未知能量"。那些未知能量被称为"暗能量"。宇宙照这种方式膨胀下去，将来便会具有不可思议的巨大膨胀速度，星系之间相离越来越远，我们所居住的银河系最后则有可能变成宇宙中的一个孤岛。不过，暗能量究竟是什么？至今也还不明，在未来的某个时候暗能量又突然消失，那也是可能的。不论怎样，宇宙的未来和暗能量是什么，都是物理学尚未解开的最大谜团之一。

---

**佐藤教授**：意思是"时间和空间都随立场（观测者）而异"。"宇宙中不同地点的观测者都各有自己的时间和空间"。

**编辑**：明白了。那就是"相对论"名称的来由。

**佐藤教授**：在牛顿力学中，只有从绝对坐标进行观测的观测者才能够观测到"真正的运动"，只有他才算是正统观测者。然而在相对论中，一切观测者都是平等的，再无需什么绝对坐标。

**编辑**：不过相对论中又有"狭义相对论"和"广义相对论"，两个理论有什么区别？

**佐藤教授**："狭义相对论"是在附加了条件的特殊场合使用的一种理论。使用狭义相对论必须要满足"没有引力影响""观测者没有加速运动"两个条件。广义相对论不受这些限制，是适用于更普遍场合的一种理论。狭义相对论中的时间流动变慢是"相互间看到的现象"（第72页），而广义相对论中的时间流动变慢（引力导致的时间变慢），则是在强引力场合必然发生的时间流动变慢（第156页）。这也是狭义相对论和广义相对论两者的一大区别。

### 相对论所产生的宇宙观今天仍在发展

**编辑**：在相对论诞生以后，通过其他科学家的继续研究，好像又有很大的发展。

**佐藤教授**：1922年，苏联数学家和宇宙学家亚历山大·弗里德曼（1888~1925）根据广义相对论提出一种宇宙可以膨胀也可以收缩的理论。那以后，天文观测的结果证实宇宙的确在膨胀（第198页）。当时普遍持有的那种"宇宙永不改变"的宇宙观彻底崩塌了。

**编辑**：宇宙膨胀，在整个人类历史中都称得上是件了不起的伟大发现。

**佐藤教授**：爱因斯坦逝世以后，相对论向我们揭示的世界仍然在不断扩大。20世纪80年代，霍金博士和彭罗斯博士根据广义相对论发表了一种关于宇宙如何诞生的假说，引起广泛的关注。

**编辑**：那就是认为宇宙一诞生就马上急剧膨胀的那种"暴胀宇宙论"。

**佐藤教授**：按照暴胀宇宙论，宇宙也有可能产生出子宇宙、孙宇宙。科学家今天仍然在应用相对论不断解开宇宙的奥秘。

# 来自读者的"想知道更多"！ Q&A集

**Q 存在以太吗？**

根据第2章第30～33页介绍的实验，我们了解到以太对光速没有影响。不过，我不明白为什么它与否定以太的存在有关联。难道存在以太不好吗？此外，从结果上来说，没有介质，光也能传播吗？

**教授：** 在第2章中，作为相对论创立时的历史，我们介绍了以太。当时，几乎所有的物理学家都相信，波是像声音那样凭借某种介质传播的，因此，肯定有传播光波的介质。在第30～33页的解说中，介绍了光波传播时，如果存在类似空气那样的介质的话，则与迈克尔孙–莫雷实验相矛盾。因此，研究认为，不存在以太那样的假设介质，光在没有任何物质的真空中也能顺畅地传播。

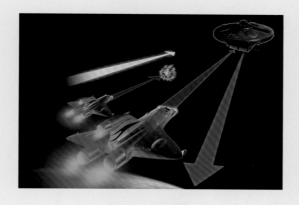

**Q 宇宙飞船的飞行速度能超过光速吗？**

在第3章第78～79页中，假设从行星与宇宙飞船同时发射光，光什么时候才能抵达1.3光年远的空间站呢？宇宙飞船在1年

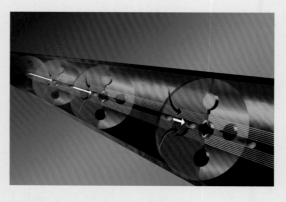

内可以行进1.33光年的距离，但光速在1年内只能行进1光年的距离。这样的话，不就意味着宇宙飞船的速度快于光速吗？

此外，例如，大家会认为来自距离地球100光年之远的星球的光用"居住在地球上的人类的时间"计时的话，是100年前发出的光，但实际上是90多年前发出的光，这种情况可能发生吗？

**教授：** 用"空间站的时钟"计时的话，从行星与宇宙飞船同时发射的光将在1.3年后抵达。用宇宙飞船内的时钟计时的话，宇宙飞船的到达时间为1年，但用空间站内的时钟计时的话，则为1.63年。因此，光比宇宙飞船先抵达空间站。

此外，来自100光年远的星球的光用"居住在地球上的人类的时间"计时的话，是100年前发出的光，所以不是90多年前发出的光。

**Q 能加速到光速的百分之多少？**

在第3章中，我们介绍过利用加速器为电子加速。利用现在的加速器能将电子加

速到光速的百分之多少呢？有没有所谓的理论上限？此外，物体的运动速度接近光速时，质量会增大，但光在行进途中也会产生质量吗？

**教授：**由于电子是较轻的基本粒子，所以几乎可以加速到光速，比如光速的99.99……%。虽说有技术上的限制，但没有理论上的上限。而且，光从产生的那一瞬间就开始以光速传播，因此不能将其当作电子那样原本就有质量（静止质量）的物质那样考虑。一般认为，光的粒子——光子的质量为零。不过，相对论认为"质量与能量是等同的"（第106～111页）。光具有能量，因此，在某种意义上也可以说光具有质量。

## Q 希望亲身感受空间的弯曲！

我对空间弯曲非常感兴趣，但空间弯曲无法用3维表现，而且也很难想象。空间弯曲在现实水平上有没有什么较好的比喻呢？

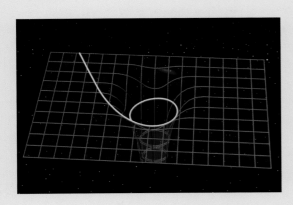

**教授：**非常遗憾，只有黑洞等天体的现象才能对时空弯曲造成较大影响，带来广义相对论效果。在日常生活中，用于汽车导航等的GPS可以显现一些效果（第54～55页）。由于地球周围的时空只有极小的弯曲，所以如果不考虑弯曲效果的话，则无法获得准确的位置信息。GPS卫星上搭载的原子钟比地面上的时钟慢100亿分

之4.45秒，所以，要根据广义相对论对这一部分进行修正。

## Q 时间延迟真的是相互的吗？

第3章第72～74页介绍了"同时性的相对性""时间变慢是相互的"，但当宇宙飞船上的人降落到月球上时，我想知道光时钟会变成什么样？在说明中，从宇宙飞船来看，月球上的时间看上去变慢了。但从月球上来看，则是相反的。所以，如果能瞬间从宇宙飞船上降落到月球表面的话，这时宇宙飞船上的人所看到的月球上的时钟会是怎样的？

**教授：**瞬间看到月球时钟的方法可以如下设定：假设在火箭的飞行路径上摆放着许多从月球上看静止的时钟，并把这些时钟的时刻与月球时钟的时刻调到相同。这样一来，宇宙飞船的飞行员在自己的宇宙飞船的时钟前进1秒时，可以同时看到摆放在飞行路径上的与月球时刻一致的时钟。这样的话，飞行员看时钟时，时钟还未走完1秒。也就是说，月球的时钟看上去变慢了。

必须注意的是，假设瞬间把宇宙飞船的速度降到零并降落到月球上的话，将会对宇宙飞船造成巨大的加速度（这时为减速）。当然，飞行员会感受到巨大的加速度，所以与站在月球上的人不再对等。这时，对于速度自始至终没有变化的月球上的观察者来说，宇宙飞船在以极快的速度做加速运动，所以宇宙飞船上的时钟会变慢。

# 5 相对论产生

钕磁铁、对撞机、引力波、卫星导航……
为何都离不开相对论？

1905 年, 20 世纪最伟大的物理学家爱因斯坦发表了具有划时代意义的狭义相对论,将时间与空间联系在一起,并于 10 年后（1915 ～ 1916 年）进一步提出广义相对论。

如今, 这两个理论在实际生产和生活中有着广泛而重要的应用, 如 GPS 卫星导航系统、钕磁铁、核电站等。其实, 相对论给人类带来的影响与变革远不止这些, 它是粒子物理学（研究构成物质世界的最小和最基本的单位——基本粒子的运动规律）、引力波天文学（利用前段时间直接探测到的引力波来揭示各种宇宙之谜）以及宇宙论（探索宇宙诞生与演化）等研究领域不可或缺的基础理论。对现代物理学来说, 相对论必不可少。

# 的现代物理学

# 狭义相对论是如何诞生的?

如果说，有一个方法可以让任何人都能投出时速 300 千米的超快球，你肯定会非常好奇，这究竟是什么方法呢?

答案是：**在高速列车的车厢内投球!** 让我们想象一下，A 在时速 250 千米的高铁车厢内向火车行进方向以每小时 50 千米的速度投球。这时，站在地面的 B 会看到球以每小时 300 千米的速度急速飞行。

也就是说，（球的）速度与（高铁的）速度可以相加或相减。意大利物理学家伽利略·伽利雷（1564 ~ 1642）最早提出了这一概念，因此也称为**伽利略速度相加定理**。如果仅仅从球本身的运动来看，不管是用静止不动的自动投球机以时速 300 千米投出的球，还是在时速 250 千米的高铁内以时速 50 千米投出的球，它们看上去都是一样的。

天才物理学家艾萨克·牛顿（1643 ~ 1727）在总结物体运动规律的基础上，引进了伽利略速度相加定律，创建了**牛顿力学**。

进入 19 世纪后，英国理论物理学家詹姆斯·麦克斯韦（1831 ~ 1879）成功将电磁学定律用一组简洁、完美的数学形式表示出来，建立了**麦克斯韦方程组**，并根据该方程组推论出**电磁波在真空中以每秒 30 万千米的速度传播**。光也是一种电磁波，因此，光的传播速度也是每秒 30 万千米。不过，麦克斯韦方程组并没有说明 30 万千米的秒速是以什么为基准的。

之后，阿尔伯特·爱因斯坦（1879 ~ 1955）提出"电磁波原本就没有速度基准，无论用什么基准来看（对以任何速度运动的人来说），**光速都是相同的**"。这种观点称为光速不变原理。

不过，**爱因斯坦注意到一个隐藏在伽利略速度相加定理与光速不变原理中的巨大矛盾**，并经过孜孜不倦的努力成功解决了这一问题，从而创建了狭义相对论。

艾萨克·牛顿

英国物理学家及数学家，提出了万有引力定律并发明了微积分，取得了众多重要成就，为近代科学奠定了坚实的基础。

1. 时间的流逝速度在任何
   地方都是相同的

2. 物体的长度在任何
   地方都是相同的

## 生活在爱因斯坦之前学者的时空观

图片描绘了艾萨克·牛顿等生活在爱因斯坦之前的学者所拥有的世界观。牛顿认为，时间的流逝方法（1）与物体的长度（2）在任何时候、任何地点、对任何人来说都是相同的，即时间与空间是绝对的。图中用边长相同的格子表示绝对空间，用在任何星系中都指向同一时刻的时钟指针表示绝对时间。

## 狭义相对论与现代物理学 ②

# 物体的运动速度越接近光速，收缩效应越明显，时间流逝得越慢

爱因斯坦注意到伽利略速度相加定理与光速不变原理相抵触，无法同时成立。

例如，以每秒 27 万千米的速度高速飞行的人（A）向前进方向发射光（秒速 30 万千米，右页图）。根据伽利略速度相加定理，对外部的观察者（B）来说，这两个速度相加，光应该以每秒 57 万千米的速度前进（1）。可是，光速不变原理则认为光的传播速度是恒定不变的，B 所看到的光速也应该是每秒 30 万千米。

为了解决这一矛盾，爱因斯坦以光速不变原理为基础原理，提出时间的流逝速度、物体与空间的长度（距离）会随着观察者所处的位置不同而变化。也就是说，时间与空间并不是绝对的，而是相对的，因观察者所处的位置而异。基于这一观点，爱因斯坦推导出"物体的运动速度越接近光速，空间收缩效应越明显，时间流逝得越慢"（2），这就是狭义相对论。

狭义相对论认为，时间与空间不是各自独立伸缩的，而是同时伸缩的。例如，以接近光速运动的 A 所认定的 10 厘米尺度，对于静止不动的 B 来说，收缩到了不足 10 厘米。这时，B 肯定会看到 A 手里的秒表也变慢了。

就这样，自狭义相对论登上历史舞台后，时间与空间就因联动伸缩而被认为是一体的，开始被统称为时空。因此，可以说我们生活的世界是由 3 维的空间与 1 维的时间组成的 4 维时空。

**阿尔伯特·爱因斯坦**

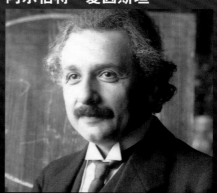

出生于德国，犹太裔物理学家。除了狭义相对论、广义相对论之外，还提出了光量子假说以及关于布朗运动的理论等众多具有划时代意义的理论。

**延伸阅读：根据狭义相对论计算速度**

下面，我们根据狭义相对论进行速度相加。请看下面的公式。A 以速度 $u$ 运动，并以速度 $v$ 向前方投出一个球。根据狭义相对论，可用以下公式计算静止不动的 B 所看到的球速 $V$。

$$V = \frac{u+v}{1 + \dfrac{u \times v}{c^2}} \cdots\cdots\cdots *$$

其中，$c$ 为光速，秒速 30 万千米。

根据上述公式，假设 A 以每秒 27 万千米的速度，即光速的 90%（$0.9c$）高速飞行，并向前方发射光线，这时，$u$ 为 $0.9c$，$v$ 为 $c$。

$$V = \frac{0.9c+c}{1 + \dfrac{0.9c \times c}{c^2}} = \frac{(0.9c+c) \times c}{c+0.9c} = c$$

也就是说，B 所看到的光速为 $c$。当 $v$ 等于 $c$ 时，无论 $u$ 等于多少，$v$ 都等于 $c$。即，光速是不变的。

另外，如前页所述，在高铁车厢内投球时，由于 $u$ 和 $v$ 远远低于光速 $c$，* 公式中的分母几乎为 1，可看作 "$V = u + v$"（符合伽利略速度相加定理）。也就是说，只有在物体的运动速度接近于光速时，狭义相对论效应才显著。

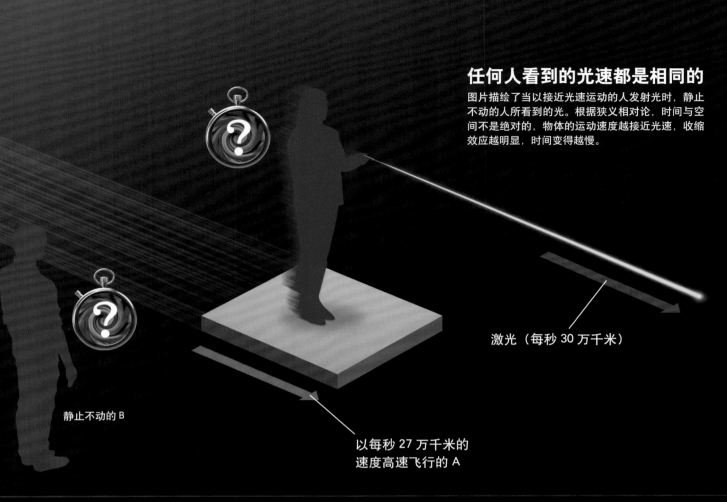

## 任何人看到的光速都是相同的

图片描绘了当以接近光速运动的人发射光时，静止不动的人所看到的光。根据狭义相对论，时间与空间不是绝对的，物体的运动速度越接近光速，收缩效应越明显，时间变得越慢。

激光（每秒 30 万千米）

静止不动的 B

以每秒 27 万千米的速度高速飞行的 A

---

### 1. 不考虑狭义相对论的错误观点

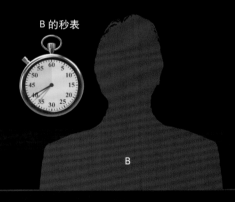

B 的秒表

A 的时间速率与 B 的时间速率相同

A

每秒 57 万千米?

每秒 27 万千米　　每秒 30 万千米

根据伽利略速度相加定理，对静止不动的 B 来说，以每秒 27 万千米的速度行进的人所发射的光（每秒 30 万千米）的速度应该为每秒 57 万千米。

---

### 2. 考虑了狭义相对论的正确观点

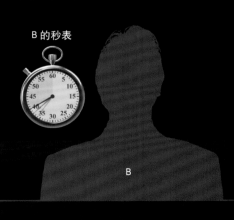

B 的秒表

B 看到 A 的时间比自己的时间变慢了

A

每秒 30 万千米!

B 看到 A 在行进方向上收缩了

根据狭义相对论，B 所看到的光速也为每秒 30 万千米。而且，物体的运动速度越接近光速，收缩效应越明显，时间变得越慢（详细计算请参考左页框文）。

173

# 诞生于狭义相对论的著名公式：$E=mc^2$

世界上最有名的公式——质能公式 $E=mc^2$ 是由狭义相对论推导出的。然而，它表示什么意思呢？

$E=mc^2$ 中的 $E$ 表示能量，$m$ 是质量，$c$ 为光速。首先，我们来看看公式左侧的 $E$。简单地说，能量是能够对其他物体造成影响的能力，例如让静止的球运动等。在爱因斯坦提出著名的狭义相对论之前，物理学家一直认为，如果持续给球注入能量的话，球可以永无止境地加速。**狭义相对论则认为，即便持续给物体注入能量（不断加速），其运动速度也不可能超过光速（每秒大约 30 万千米）。**光速是自然界中的最大速度，无论用任何方法，任何物体的运动速度都无法超过光速。请大家利用前页的公式进行计算，并亲自验证一下，不管加上多少低于 $c$ 的速度，也不能超过光速（$c$）。

无法超过光速，也就意味着物体的运动速度越接近光速越难于加速，就算不断注入能量也不行。我们不禁会问：这些能量都消失到哪里去了？答案是能量转换成了质量（$m$）。那么，什么是质量呢？请大家在脑海中想象这样一幅画面：当我们推动一个质量大的铁球与一个质量小的乒乓球时，要费很大的劲才能推动质量大的铁球。也就是说，**质量是表示"运动难易程度"的数值。**由此可推导出：原本用来加速的能量转换成了质量。

基于这一观点，爱因斯坦推导出了著名的质能公式 $E=mc^2$。$c$ 为光速，是一个任何时候都不会变化的常数。长期以来，**物理学家一直认为质量与能量是两个毫无关联的要素。在质能公式中，借助于常数 $c^2$，两者被联系到了一起。**

## 能量与质量是等价的

爱因斯坦根据光速不变原理等推导出了著名的质能公式 $E=mc^2$。质能公式说明，曾经被认为毫无关联的能量（$E$）与质量（$m$）其实是等价的，是可以相互转换的，它们借助于光速（$c$）联系到一起。

飞行的球具有动能。当球砸到玻璃后，玻璃会破碎。换句话说，具有速度的球具备击碎玻璃的"能力"。这一能力就是动能。能量有热能、电能等各种形式。

动能

# $mass$

质量是表示"运动难易程度"的值。例如，铁球比乒乓球难于推动，这是因为铁球的质量较大。

不仅在地球上，在宇宙空间（失重状态下）中，"运动的难易程度"也是相同的。在失重状态下，虽然铁球和乒乓球都感觉不到"重量"，但是，要想推动它们（使其加速），必须给铁球施加更大的力。这就是重量与质量的不同之处。

**乒乓球**

在宇宙空间里，铁球也比乒乓球难于推动

**铁球**

# $mc^2$

# $celeritas$

$c$ 为光（电磁波）在真空中的传播速度。准确地说，$c$ 为每秒 299792.458 千米。狭义相对论是建立在"光速为宇宙中的最大速度且恒定不变"这一基础上的。

光速的符号 $c$ 来自拉丁语 celeritas，意思是迅捷。

**光**
秒速约 30 万千米，到达月球仅需 1.3 秒左右。

**F1 方程式赛车**
秒速约 0.1 千米，到达月球需要 44 天左右。

**火箭**
秒速约 11 千米，到达月球需要 10 小时左右。

**飞机**
秒速约 0.5 千米，到达月球需要 9 天左右。

# 用 $E=mc^2$ 阐明太阳的能量之源

　　爱因斯坦提出的质能公式 $E=mc^2$ 意味着质量与能量本质上是同一的。那么，具体来说，质量具有多大的能量呢？假设 1 克的物体全部转化为能量的话，根据 $E=mc^2$ 将释放出 90 万亿焦耳的能量，相当于 2500 万度电，可供约 10000 户一年的用电量。

　　核电站正是利用质能转换所产生的巨大能量来发电的。**铀 235 发生核裂变反应时，质量略微减少，减少的质量转化为热能（下图），热能最后转换为电能。**

　　此外，$E=mc^2$ 还解开了太阳发光机制之谜。在 20 世纪之前，太阳为什么会释放出耀眼的光芒，一直是一个人类渴望破解的巨大谜团。当时，地质学家认为地球自诞生之后至少存在了几十亿年。假设

太阳的质量全部都是煤炭的话，计算结果表明，这些质量只够燃烧几千年，太阳的寿命将过于短暂。那么，太阳究竟是以什么为燃料才能在如此漫长的岁月里释放出如此耀眼的光芒的呢？

　　狭义相对论解答了这一疑问。太阳的中心主要由氢构成，核心温度高达 1500 万摄氏度、压力相当于 2500 亿个大气压，是一个超高温、超高压的世界。在这样的环境中，4 个氢原子核发生猛烈碰撞并合为一个氦原子核，这一反应称为核聚变反应（右页图）。**对反应前后的质量进行比较的结果表明，反应后质量减少了大约 0.7%。根据质能公式 $E=mc^2$，减少的质量转换成了巨大的能量。因此，太阳才得以在几十亿年的时间里不断燃烧，为人类带来光明与热量。**

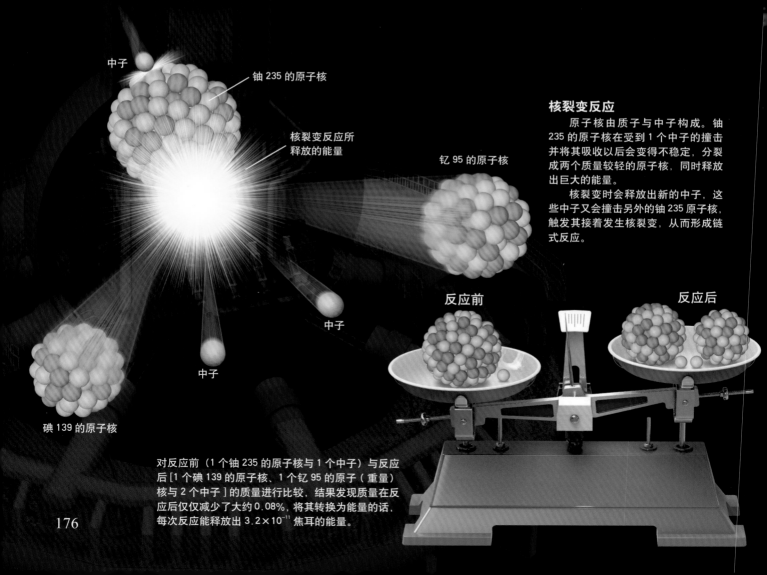

中子

铀 235 的原子核

核裂变反应所释放的能量

钇 95 的原子核

中子

中子

中子

碘 139 的原子核

### 核裂变反应

　　原子核由质子与中子构成。铀 235 的原子核在受到 1 个中子的撞击并将其吸收以后会变得不稳定，分裂成两个质量较轻的原子核，同时释放出巨大的能量。

　　核裂变时会释放出新的中子，这些中子又会撞击另外的铀 235 原子核，触发其接着发生核裂变，从而形成链式反应。

反应前　　　　　　　　　反应后

　　对反应前（1 个铀 235 的原子核与 1 个中子）与反应后 [1 个碘 139 的原子核、1 个钇 95 的原子（重量）核与 2 个中子] 的质量进行比较，结果发现质量在反应后仅仅减少了大约 0.08%，将其转换为能量的话，每次反应能释放出 $3.2 \times 10^{-11}$ 焦耳的能量。

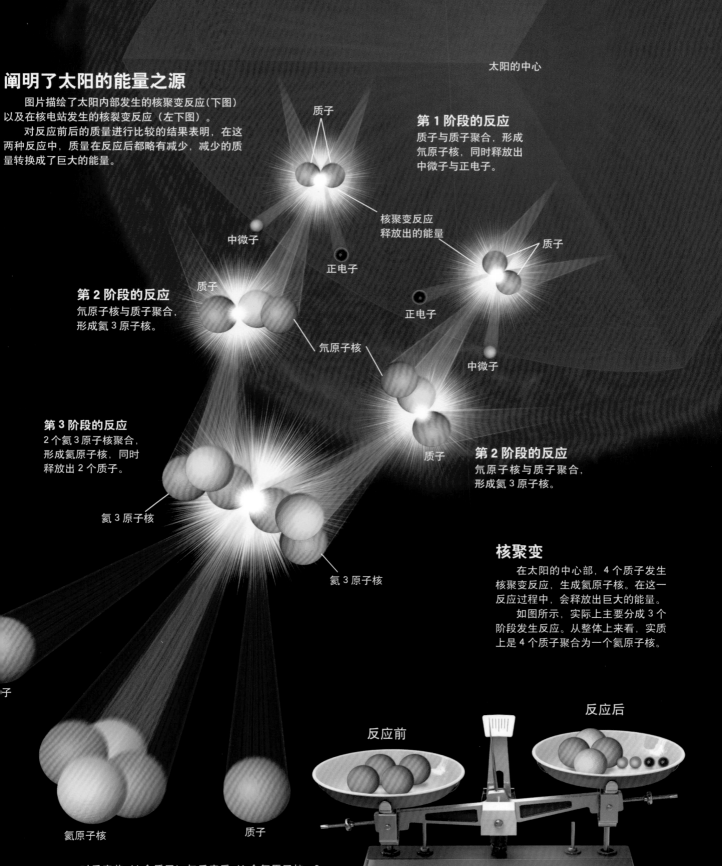

## 阐明了太阳的能量之源

图片描绘了太阳内部发生的核聚变反应（下图）以及在核电站发生的核裂变反应（左下图）。

对反应前后的质量进行比较的结果表明，在这两种反应中，质量在反应后都略有减少，减少的质量转换成了巨大的能量。

太阳的中心

质子

中微子

正电子

核聚变反应
释放出的能量

### 第 1 阶段的反应

质子与质子聚合，形成氘原子核，同时释放出中微子与正电子。

质子

正电子

中微子

### 第 2 阶段的反应

氘原子核与质子聚合，形成氦 3 原子核。

质子

氘原子核

质子

### 第 2 阶段的反应

氘原子核与质子聚合，形成氦 3 原子核。

### 第 3 阶段的反应

2 个氦 3 原子核聚合，形成氦原子核，同时释放出 2 个质子。

氦 3 原子核

氦 3 原子核

### 核聚变

在太阳的中心部，4 个质子发生核聚变反应，生成氦原子核。在这一反应过程中，会释放出巨大的能量。

如图所示，实际上主要分成 3 个阶段发生反应。从整体上来看，实质上是 4 个质子聚合为一个氦原子核。

反应前

反应后

氦原子核

质子

对反应前（4 个质子）与反应后（1 个氦原子核、2 个正电子、2 个中微子）的质量（重量）进行比较的结果表明，质量在反应后仅仅减少了大约 0.7%，减少的这部分质量转换成了能量。每次反应（3 个阶段反应的总和）能释放出 $4.1×10^{-12}$ 焦耳的能量。

# 狭义相对论的原理也适用于原子核内部

　　我们生活的世界是由什么构成的？粒子物理学一直在坚持不懈地努力，试图破解这一终极难解之谜。对粒子物理学来说，狭义相对论也是必不可少的。

　　人体由碳原子、氧原子等构成。如果把这些原子放大的话，就会发现它们都是由质子、中子和电子构成的。**如果进一步"窥视"质子与中子内部的话，就会看到它们是由上夸克和下夸克构成的。**基本粒子是构成物质的最小最基本的单位，不可再分割。上夸克、下夸克和电子都是基本粒子。

　　研究表明，上夸克的质量大约为电子的 5 倍，下夸克的质量大约为电子的 10 倍。质子由 2 个上夸克和 1 个下夸克组成。正常加法计算的话，质子的质量应该为电子的 20 倍（5+5+10）。实际上，**质子的质量却高达电子的 1850 倍。也就是说，夸克自身的质量仅**占质子质量的大约 1%。那么，其余 99% 的质量来自哪里呢？

　　**研究表明，其余的质量来源于夸克的动能以及把**夸克**"束缚"在一起的强力的能量。**夸克之间的距离越远，它们之间的强力越大。可以说，3 个夸克就像用弹簧紧紧地拴在一起。在强力的"束缚"下，3 个夸克无法彼此分散开，而以质子的形式存在。

　　此外，夸克被强力"束缚"在一起的同时也在高速运动。因此，**质子中不仅有来自强力的能量，还有夸克自身的动能。**根据狭义相对论的质能公式 $E=mc^2$，能量与质量是等效的。因此，这些被束缚在质子中的能量外在表现为质量而被测量到。99% 的质子质量都是由这些能量转化而来的。

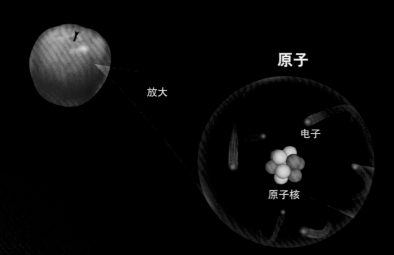

原子

放大

电子

原子核

原子核

质子

中子

## 被束缚在质子中的能量转化为质量！

构成人体的原子由原子核和电子组成，原子核由质子和中子组成。质子和中子则由上夸克和下夸克组成。夸克在强力的作用下结合在一起。来自强力的能量以及夸克自身的动能外在表现为质量而被测量到。

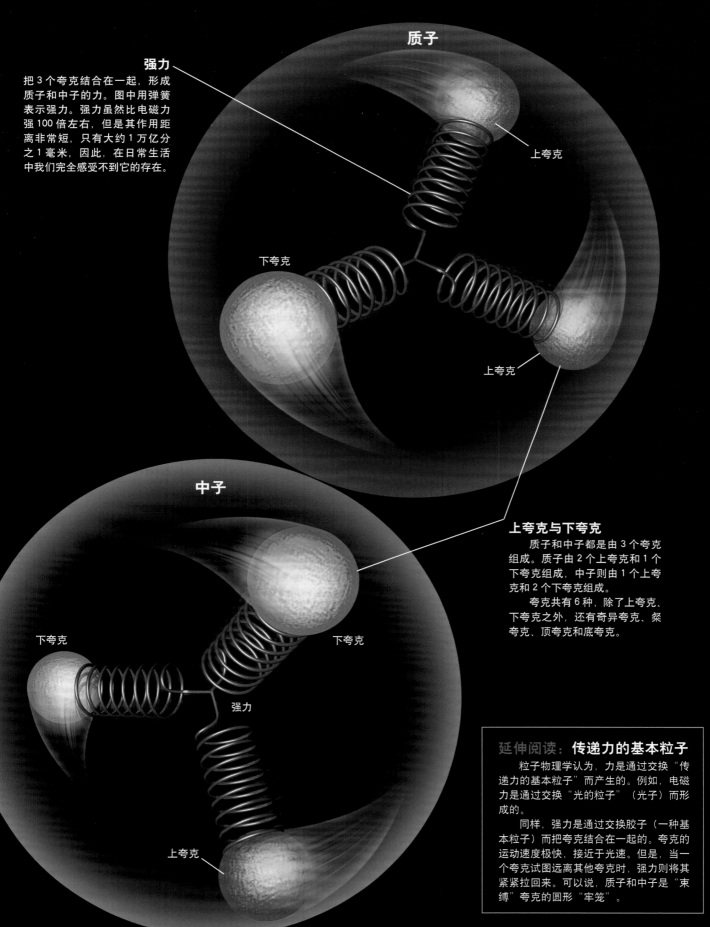

**质子**

**强力**
把 3 个夸克结合在一起, 形成质子和中子的力。图中用弹簧表示强力。强力虽然比电磁力强 100 倍左右, 但是其作用距离非常短, 只有大约 1 万亿分之 1 毫米, 因此, 在日常生活中我们完全感受不到它的存在。

上夸克

下夸克

上夸克

**中子**

下夸克

下夸克

强力

上夸克

**上夸克与下夸克**
质子和中子都是由 3 个夸克组成。质子由 2 个上夸克和 1 个下夸克组成, 中子则由 1 个上夸克和 2 个下夸克组成。
夸克共有 6 种, 除了上夸克、下夸克之外, 还有奇异夸克、粲夸克、顶夸克和底夸克。

延伸阅读: **传递力的基本粒子**
粒子物理学认为, 力是通过交换"传递力的基本粒子"而产生的。例如, 电磁力是通过交换"光的粒子"(光子) 而形成的。
同样, 强力是通过交换胶子 (一种基本粒子) 而把夸克结合在一起的。夸克的运动速度极快, 接近于光速。但是, 当一个夸克试图远离其他夸克时, 强力则将其紧紧拉回来。可以说, 质子和中子是"束缚"夸克的圆形"牢笼"。

179

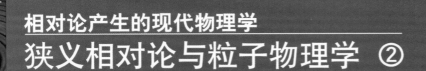

# 根据狭义相对论，用加速器生成新的基本粒子

2012 年，欧洲大型强子对撞机（LHC）实验发现了一种新的粒子，它就是全世界的物理学家长期以来苦苦寻找的希格斯粒子。

LHC 是现在世界上最大、能量最高的粒子加速器，坐落在瑞士日内瓦近郊，横跨瑞士和法国的边境，深埋于地下 100 米，拥有 27 千米长的环形隧道。像 LHC 这样的粒子加速器可以将粒子加速到接近光速，并使其与静止的标靶粒子相撞或粒子彼此对撞，从而调查基本粒子的运动规律。利用电磁力，LHC 能够将质子加速到光速的 99.9999991%。

设想一下，当质子被加速到如此高的速度时，会出现怎样的情形？如前所示，**当质子以接近光速运行时，它的表观质量将增大**。例如，质量为 1 克的物体被加速到光速的 99% 时，表观质量大约为 7.1 克。当加速到

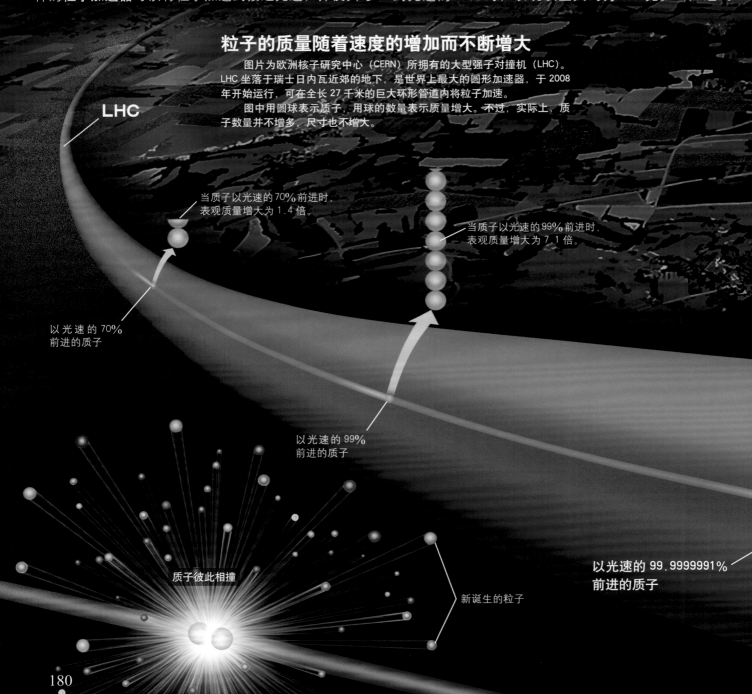

### 粒子的质量随着速度的增加而不断增大

图片为欧洲核子研究中心（CERN）所拥有的大型强子对撞机（LHC）。LHC 坐落于瑞士日内瓦近郊的地下，是世界上最大的圆形加速器，于 2008 年开始运行，可在全长 27 千米的巨大环形管道内将粒子加速。

图中用圆球表示质子，用球的数量表示质量增大。不过，实际上，质子数量并不增多，尺寸也不增大。

LHC

当质子以光速的 70% 前进时，表观质量增大为 1.4 倍。

当质子以光速的 99% 前进时，表观质量增大为 7.1 倍。

以 光速 的 70%
前进的质子

以光速的 99%
前进的质子

质子彼此相撞

新诞生的粒子

以光速的 99.9999991%
前进的质子

光速的 99.9999991% 时，表观质量约为 7.45 千克（下图）。质量变大意味着更加难以加速。而且，质量变大后，粒子更加难以转弯。因此，LHC 等加速器不仅在计算中加入了质量变大这一因素，还对所施加的电磁力进行有效控制，以便将粒子适当加速，并让其在装置内顺畅运行。

可是，为什么必须把质子加速到如此高的速度呢？寻找未知的基本粒子是最大的一个目的。当加速后的质子彼此相撞时，撞击时的能量将生成质子中原本没有的新的基本粒子，并使其四处飞散。

由于能量与质量是等效的，因此，通过将加速后的质子所携带的能量转化为质量，可以生成新的较重的基本粒子。物理学家期待已久的希格斯粒子（一种基本粒子）就是通过这种方式被发现的。如今，研究人员正在进行更多的实验，希望能发现各种新粒子。

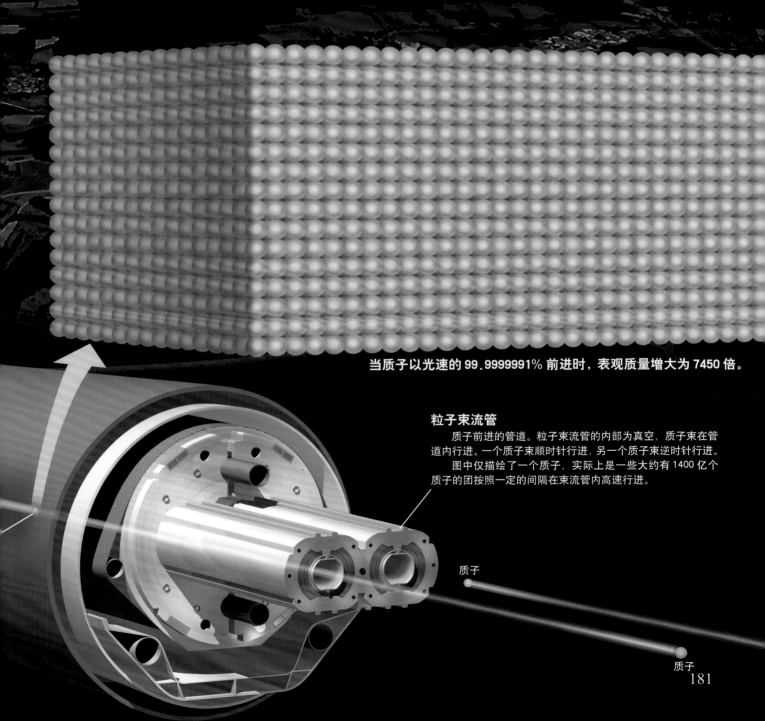

当质子以光速的 99.9999991% 前进时，表观质量增大为 7450 倍。

**粒子束流管**
　　质子前进的管道。粒子束流管的内部为真空，质子束在管道内行进。一个质子束顺时针行进，另一个质子束逆时针行进。
　　图中仅描绘了一个质子，实际上是一些大约有 1400 亿个质子的团按照一定的间隔在束流管内高速行进。

质子

质子

181

# 根据狭义相对论性效应，发现了观察微观世界的梦想之光——同步辐射

当电子、离子等带电粒子加速、减速或转弯时，会辐射光（电磁波），这就是同步辐射。通常情况下，同步辐射是向所有方向球形辐射的（右页图 **1**），不过，带电粒子的运动速度越快，辐射方向越集中在粒子行进方向上极其狭窄的一个区域内（右页图 **2**、**3**）。辐射范围变窄意味着只有这里变得更加明亮。**辐射光的方向发生改变这一现象是基于狭义相对论而产生的。**

中国大型同步辐射设施上海光源坐落于上海张江高科技园区，是一个环形加速器，电子储存环周长 432 米（能量 3.5GeV），可以把电子加速到接近光速（右页照片）。上海光源利用电磁力来改变电子的行进方向，从而将电子拥有的部分动能转变为同步辐射光。不过，**这里所说的光是波长非常短的 X 射线。要想看到微小的物体，高亮度的 X 射线必不可少。**

## 利用短波能看到更加微小的物体

利用光看物体时，有一个无法逾越的界限——从原理上来说，无法看到小于所用光半波长的物体。例如，可见光（人眼能直接看见的光）的波长介于 360 ~ 830 纳米（1 纳米为 100 万分之 1 毫米）。原子的大小约为 0.1 纳米，无论如何提高光学显微镜（利用可见光观察微小物体）的精度，也无法看到原子那么小的结构。另外，X 射线的波长介于 1 皮米 ~ 10 纳米（1 皮米为 10 亿分之 1 毫米），从原理上来说，**利用 X 射线能看到更加微小的物体（大小介于光学显微镜所能看到的最小物体的 100 分之 1 ~ 100 万分之 1）。**

## 发光亮度相当于最强 X 光机的上亿倍

图片描绘了上海光源等加速器产生同步辐射的机制。在外部磁场的作用下，电子的行进方向发生弯曲，产生同步辐射。当电子被加速到接近光速时，根据相对论性效应，光的辐射域变得非常狭窄，导致亮度非常高。

### 光的波长与物体的大小

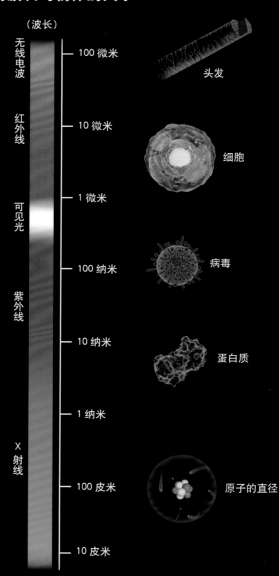

（波长）

| | |
|---|---|
| 无线电波 | 100 微米 — 头发 |
| 红外线 | 10 微米 — 细胞 |
| 可见光 | 1 微米 |
| | 100 纳米 — 病毒 |
| 紫外线 | 10 纳米 — 蛋白质 |
| | 1 纳米 |
| X 射线 | 100 皮米 — 原子的直径 |
| | 10 皮米 |

利用光看物体时，光的波长不同，所能看到的物体大小也不同。可见光的波长介于 360 ~ 830 纳米之间，从原理上来说，一般无法看到小于 200 纳米的物体。不过，利用 X 射线（波长为可见光波长的 1000 分之 1 左右）却能清晰地看到原子等更加微小的物体。

## 1. 当行进速度非常缓慢的电子转弯时

电子通道

在磁场的作用下
转弯的电子

行进速度缓慢的电子

**呈球形辐射**

### 上海光源全景图

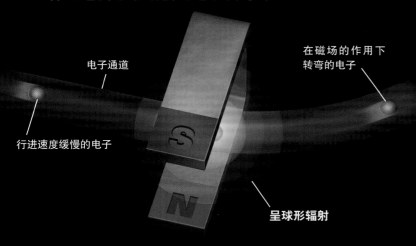

上海光源是一个周长约 432 米的环形加速器，电子在环内可加速到接近光速。当电子转弯时，会放出高强度的同步辐射光（X 射线）。可利用上海光源发出的同步辐射光进行各种研究。

## 2. 行进速度快的电子转弯时

电子通道

行进速度快的电子

在磁场的作用下
转弯的电子

**偏向前方辐射**

## 3. 当行进速度接近于光速的电子转弯时

电子通道

在磁场的作用下
转弯的电子

行进速度接近于光速的电子

**在极其狭窄的范围内辐射**

# 基于发展了的狭义相对论理论，预言存在反粒子

湮灭

从 20 世纪初期到中期，原子及原子内部结构的研究获得了长足的进步，与此同时，量子力学的研究也有了飞跃性的提高。量子力学是研究物质世界微观粒子运动规律的理论。奥地利理论物理学家埃尔温·薛定谔（1887 ~ 1961）提出了著名的**薛定谔方程**，为量子力学奠定了坚实的基础。不过，薛定谔方程并没有引进狭义相对论，因此，有一些地方与狭义相对论相矛盾。

1928 年，英国物理学家保罗·狄拉克（1902 ~ 1984）提出了狄拉克方程，从而化解了狭义相对论与薛定谔方程之间的矛盾。在这一过程中，狄拉克还从理论上预言了存在"与普通粒子质量相同、电性相反的粒子"，即**反粒子**。例如，电子带负电，新预言的粒子质量与电子完全相同，但是带正电。此外，狄拉克还认为，"当注入巨大能量时，粒子与反粒子必定成对产生"，以及"粒子与反粒子相遇后，两者将相互抵消并释放出巨大的能量（湮灭）"。

## 反粒子从天而降！

当时，许多科学家都对反粒子的存在持怀疑态度。令人欣喜的是，在狄拉克预言存在反物质 4 年之后的 1932 年，美国物理学家卡尔·安德森（1905 ~ 1991）实际观测到了电子的反粒子——正电子。当时，安德森从事宇宙射线的观测研究，希望弄清楚宇宙射线里到底含有什么粒子。质子、氦原子核等粒子在浩瀚的宇宙空间里高速飞来飞去，这就是宇宙射线。**这些粒子与地球的大气相遇后，会生成各种新粒子。**在观测中，安德森发现了一种从未见过的粒子——正电子。从根本上来说，宇宙射线与大气相遇后产生新的粒子与在加速器中生成新粒子是同一现象。

前面所介绍的核裂变反应中，转化为能量的质量仅占反应前质量的大约万分之 8。然而，**反粒子与粒子相遇后，两者发生湮灭反应，质量全部转化为能量（根据质能公式** $E=mc^2$ **）释放出来。**湮灭是质能转换效率非常高的反应。

## 粒子与反粒子诞生于光能

当能量转化为质量时，必定会合成对生成粒子与反粒子（对产生）。反过来，当粒子与反粒子相遇时，必定会释放出能量，成对消失（湮灭）。可以说，这些现象都是遵循狭义相对论的质能公式 $E=mc^2$ 的，由能量转化为质量或者由质量转化为能量的现象。

按照从上而下的顺序，背景公式分别为根据狭义相对论推导出的质能公式 $E=mc^2$、量子力学的基础理论——薛定谔方程，以及将狭义相对论和量子力学统一起来的狄拉克方程。

薛定谔方程与狄拉克方程的右侧与粒子的能量和动量相关，左侧与粒子能量和动量所对应的波函数的变化有关。

## 什么是反粒子？

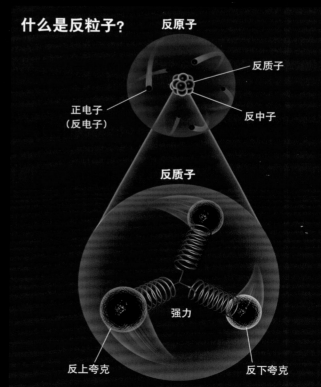

反原子

正电子（反电子）

反质子

反中子

反质子

强力

反上夸克

反下夸克

原子由原子核和电子构成，原子核由质子和中子构成，质子和中子都由上夸克和下夸克构成。同样，反物质由反质子、反中子和正电子构成，反质子和反中子都由反上夸克和反下夸克构成。

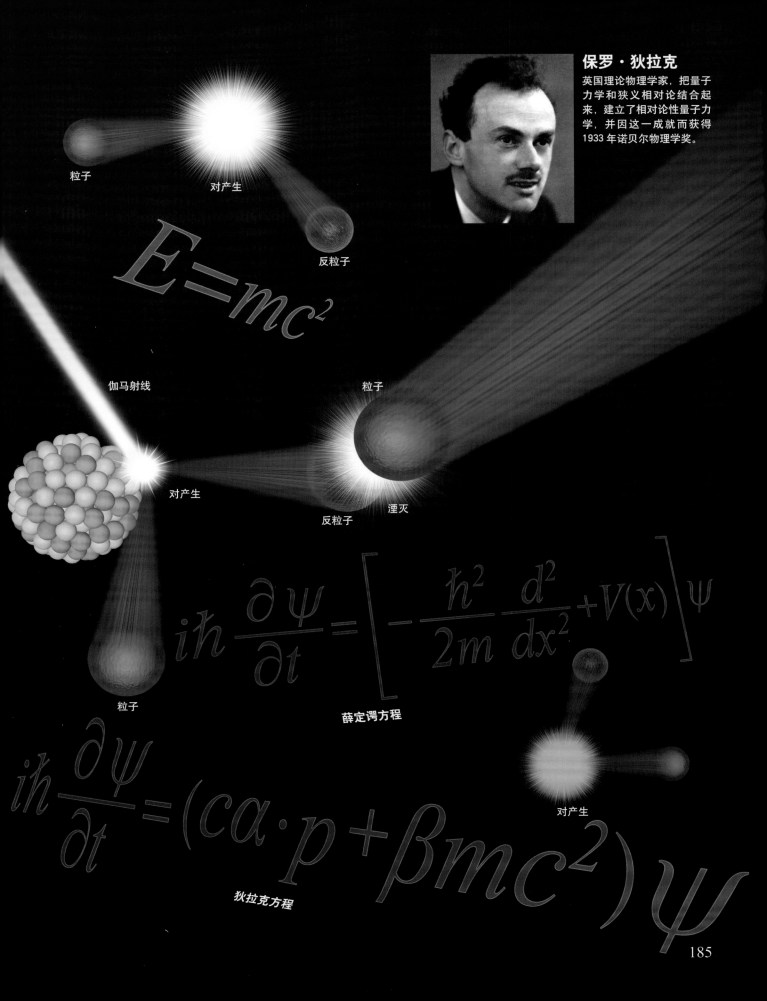

粒子

对产生

反粒子

保罗·狄拉克

英国理论物理学家，把量子力学和狭义相对论结合起来，建立了相对论性量子力学，并因这一成就而获得1933年诺贝尔物理学奖。

$$E=mc^2$$

伽马射线

粒子

对产生

反粒子

湮灭

$$i\hbar\frac{\partial\psi}{\partial t}=\left[-\frac{\hbar^2}{2m}\frac{d^2}{dx^2}+V(x)\right]\psi$$

粒子

薛定谔方程

$$i\hbar\frac{\partial\psi}{\partial t}=(c\alpha\cdot p+\beta mc^2)\psi$$

对产生

狄拉克方程

185

# 为什么磁铁能吸住铁？
# 狭义相对论是破解这一谜团的契机！

其实，狭义相对论的世界经常出现在我们的日常生活中。围绕原子核高速旋转的电子的运动就与狭义相对论密切相关。

### 电子以每秒 17 万千米的速度旋转

金属铂能够用作催化剂提高化学反应的速度，是现代社会中不可缺少的元素。例如，汽车尾气中有毒的一氧化碳与铂催化剂及氧气混合后，可以生成无毒的二氧化碳。在分解水分子，生成氧分子与氢分子的反应中，铂催化剂都必不可少。对氢燃料电池汽车来说，这一反应也不可或缺。

电子围绕原子核高速旋转，在其远离原子核的方向上存在着离心力※。另外，带负电的电子与带正电的质子之间存在电磁引力。由于这两个力保持平衡，电子才得以围绕原子核旋转。原子序数越大，也就是说原子核中带正电的质子数量越多，原子核与最内侧电子之间的引力越大，电子的旋转速度也随之变快。

铂原子的质子非常多，高达 78 个。因此，沿着最内侧轨道旋转的电子的速度变得非常快，**每秒高达 17 万千米，约为光速的 57%。**

当电子以如此高的速度旋转时，质量变大所带来的影响变得越发显著，无法被忽略掉。与不考虑相对论性效应时相比，最内侧的电子轨道半径变小。因此，外侧的电子轨道半径也随之变小。**这意味着铂原子的直径小于没有考虑相对论性效应时所预想的直径。**

日本东京大学生产技术研究所的福谷克之教授从事物质表面反应的研究。关于铂原子的特点，

## 铂原子与狭义相对论效应

**没有考虑狭义相对论效应时的铂原子**

**考虑了狭义相对论效应时的铂原子**

**3.** 由于内侧的电子轨道半径变小，外侧的电子轨道半径也随之变小。

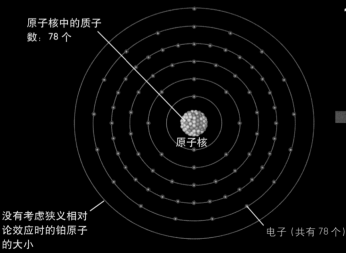

原子核中的质子数：78 个

原子核

没有考虑狭义相对论效应时的铂原子的大小

电子（共有 78 个）

**1.** 电子围绕原子核高速运动，其速度约为光速的 57%。

**2.** 最内侧的电子轨道半径变小

没有考虑狭义相对论效应时的铂原子的大小

图片描绘了铂原子的电子轨道。研究认为，铂原子最内侧的电子约以光速的 57% 的速度围绕原子核高速旋转。因此，根据相对论效应，电子的表观质量变大，结果导致内侧的电子轨道半径变小，外侧的电子轨道半径也随之变小。

※ 经典意义上对原子的解释。研究认为，实际上电子并非以颗粒的形式围绕原子核旋转，而是以"云团"的形式存在于原子核的周围

## 磁铁与自旋

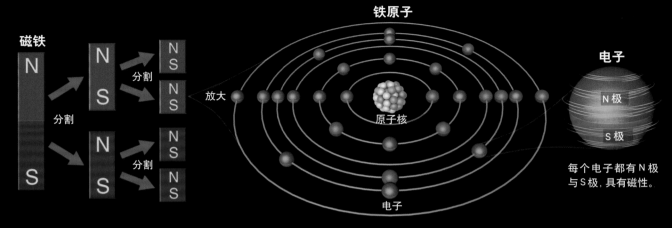

**磁铁**

N / S

分割

N / S → N / S

分割

N / S / N / S

分割

N / S / N / S

N / S / N / S

**铁原子**

放大

**原子核**

电子

**电子**

N 极

S 极

每个电子都有 N 极与 S 极, 具有磁性。

因为电子（无法再分割的基本粒子）具有 N 极和 S 极, 所以, 无论把磁铁分割得多么微小, 它都有 N 极和 S 极。由于电子存在自旋（类似自转, 是电子的一个基本属性）, 所以其自身具有磁性。不过, 一个原子中有多个电子, 它们的自旋相互抵消, 多数电子的自旋与磁性无关。不过, 铁、镍、钴等金属元素由于部分自旋的磁力相互增强, 因此整体磁力变得非常大。

他介绍说："催化反应基本上发生在金属表面。金属中电子轨道的大小对催化剂活性的影响非常大, 因此, **电子轨道的大小与能否用作催化剂密切相关。**"研究认为, 电子轨道的大小差异是铂拥有其他元素所没有的独特的催化作用的一大原因。

### 磁铁吸住铁的根源——自旋是什么？

除了电子轨道之外, **狭义相对论还与磁铁吸住铁的机制密切相关**。为了揭开磁性的"真面目", 让我们想象一下把磁铁细细分解为原子那么大的情形。其实, 就算把磁铁分解到原子那么大, 原子自身也有 N 极和 S 极, 这是因为围绕原子核旋转的每个电子都有 N 极和 S 极的缘故。这些微型的"电子磁铁"正是所有磁铁的"根源", 它们被称为自旋（上图）。

自旋类似于电子的自转。就像线圈通电后会成为电磁铁那样, 带电的电子旋转时, 相当于产生了环形电流, 所以就变成了磁铁。日本东北大学金属材料研究所的齐藤英治教授从事自旋性质的研究。关于自旋的历史, 他介绍说："自旋这一性质是从结合了狭义相对论与薛定谔方程的狄拉克方程自然而然地推导出来的。也就是说, **狭义相对论揭开了磁性的真面目。**"

铁、镍等金属元素由于部分电子磁铁的磁性相互增强, 所以整体磁性变得非常强, 这种特性称为**铁磁性**。利用这种特性, 不仅可以制造日常生活中常见的条形磁铁, 还可制造有史以来磁性最强的磁铁——钕磁铁等各种永久磁铁。也就是说, 要想制造强力磁铁, 必须充分理解自旋性质。毫不夸张地说, 通过日常生活中最常见的磁铁, 我们在不知不觉中亲身体验了狭义相对论。

### 从电子学到自旋电子学

自诞生以来, 电子学（控制电子的运动）获得了蓬勃发展, 制造出以计算机为代表的各种各样的电子产品。近年来, **一个新兴的研究领域——自旋电子学也取得了长足进步, 它不仅利用电子的运动, 而且还利用其自旋性质来制造超越原有界限的高性能、节能电子产品。**

**巨磁阻效应**是自旋电子学中最具代表性的现象。通过应用巨磁阻效应, 计算机硬盘的磁头（读取数据的装置）的读取性能实现了飞跃性提升。今后, 随着自旋电子学的进一步发展, 人类或许能制造出各种更加卓越的电子产品。

# 在狭义相对论中引进引力，从而将其发展为广义相对论

1905 年，爱因斯坦完成了狭义相对论，但是对其结果并不太满意，**因为他无法将牛顿提出的万有引力纳入狭义相对论的框架**。牛顿认为，无论两个物体之间的距离多么远，万有引力都能够瞬间传播（速度无限大）。不过，这一观点与狭义相对论矛盾，因为狭义相对论认为任何信息的传播速度都无法超过光速。

于是，爱因斯坦开始尝试将引力纳入狭义相对论中，**并于 1915 ～ 1916 年成功发表了广义相对论**。狭义相对论的"狭义"意味着无法纳入引力等，只适用于特殊情况。广义相对论则将这一理论改善和普及，使其适用于任何情况。

牛顿万有引力定律认为，任何两个物体之间都存在相互吸引的力（万有引力），且万有引力的大小与物体的质量和距离有关。可是，为什么会产生引力？其根本原因是什么？万有引力定律对此没做任何解释（**1**）。**广义相对论则指出，引力是由时空（时间与空间）弯曲产生的，这种弯曲将使得从它旁边经过的任何物体，即使是光线也改变路径（2）**。

## 利用时空弯曲来观测遥远的星系

"时空弯曲"会引起不可思议的神奇现象，例如，引力透镜效应（**3**）。遥远星系等发出的光在靠近地球一侧天体的引力的作用下会发生弯曲，看上去会变形或更加明亮，这一现象称为引力透镜效应。正如透镜这一名称所示，这一现象具有聚光的作用，因此，有时候能够看到在通常情况下无法看到的遥远星系。

## 引力是时空的弯曲

牛顿认为任何两个物体之间都有相互吸引力——万有引力，但是，他并没有对这种力的本质进行任何说明（**1**）。爱因斯坦则认为物体使周围的时间和空间（时空）弯曲。这一弯曲所造成的影响表现为引力而被观测到（**2**）。下图描绘了时空弯曲所导致的引力透镜效应的机制（**3**）。

### 3. 引力透镜效应的机制

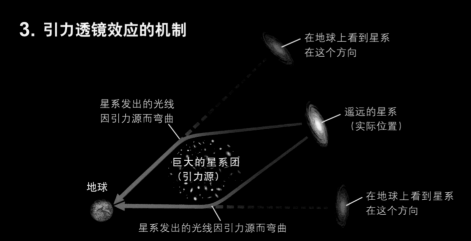

在地球上看到星系在这个方向

星系发出的光线因引力源而弯曲

遥远的星系（实际位置）

巨大的星系团（引力源）

地球

星系发出的光线因引力源而弯曲

在地球上看到星系在这个方向

图片描绘了引力透镜效应。如果遥远的星系与地球之间存在大型引力源（由大量星系聚集而成的星系团）的话，遥远星系发出的光经过时会发生弯曲，多个路径的光线聚集在一起，遥远的星系看上去更加明亮或产生变形。

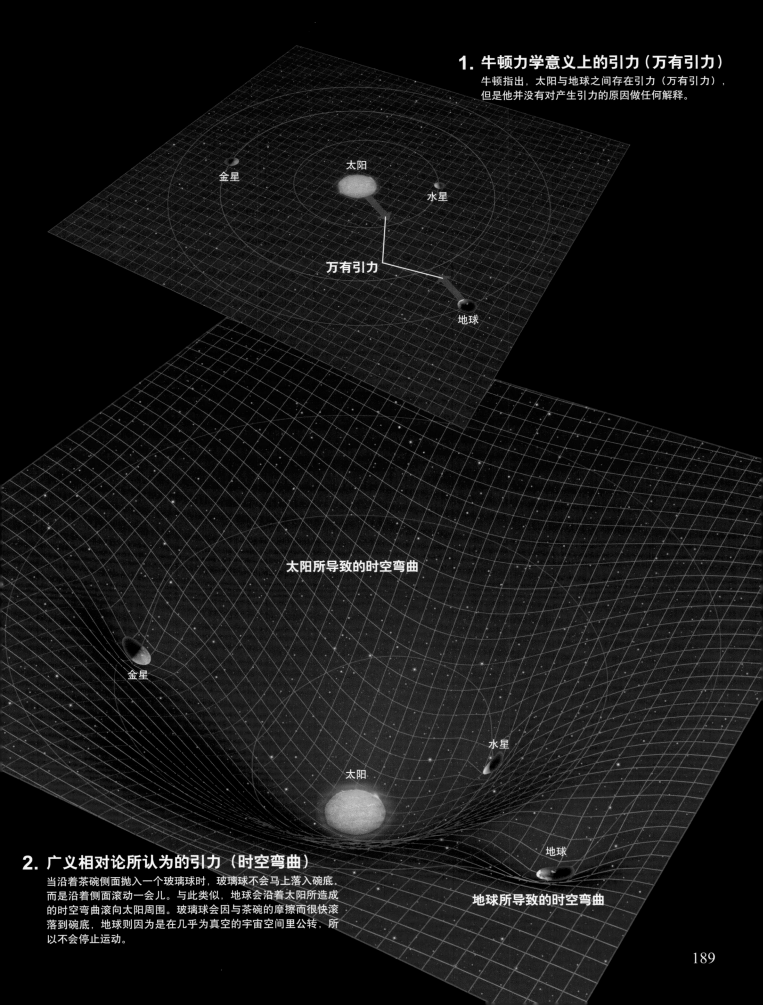

## 1. 牛顿力学意义上的引力（万有引力）

牛顿指出，太阳与地球之间存在引力（万有引力），但是他并没有对产生引力的原因做任何解释。

金星

太阳

水星

**万有引力**

地球

太阳所导致的时空弯曲

金星

水星

太阳

## 2. 广义相对论所认为的引力（时空弯曲）

当沿着茶碗侧面抛入一个玻璃球时，玻璃球不会马上落入碗底，而是沿着侧面滚动一会儿。与此类似，地球会沿着太阳所造成的时空弯曲滚向太阳周围。玻璃球会因与茶碗的摩擦而很快滚落到碗底，地球则因为是在几乎为真空的宇宙空间里公转，所以不会停止运动。

地球

**地球所导致的时空弯曲**

# 楼顶上的时钟比地面上的时钟走得快！

爱因斯坦广义相对论认为引力使时空弯曲。时空是指时间与空间。也就是说，**引力不仅能导致空间弯曲，还能改变时间的快慢。**让我们想象一下下面的情景。

假设一道光线经过一颗大质量的星体附近（右图）。大质量星体所造成的时空弯曲使得这条光线发生弯曲。光线弯曲意味着光内侧的距离变短。不过，如前文所示，对任何人来说，光速都是恒定不变的。根据"光行进的距离 = 光速 × 时间"，**内侧距离变短则意味着内侧时间也必须变慢。**实际上，引力越大的地方，时间走得越慢。

地球上也存在"引力导致时间变慢"的情况。例如，生活在 1 楼的人与 20 楼的人所受到的引力有极其微小的差异。楼顶离地球中心稍远，受到的引力也相应变小。因此，1 楼与 20 楼时间流逝的速率不同。

随着技术的发展，现在可以非常精确地测定广义相对论所说的时间变慢。1960 年，美国物理学家罗伯特·庞德（1919 ~ 2010）和格伦·里贝卡（1931 ~）通过实验首次验证了广义相对论所说的时间差——在 22.6 米的高度差内，每秒仅有 0.0000000000000024 秒的时间差。

2010 年，美国国立标准技术研究所的研究团队成功测量出 33 厘米高度差内的时间差——每年仅为 7000 亿分之 1 秒。可以说，地球附近因引力所导致的时间差极其微小，不过，它的确存在。

光的行进方向

## 引力导致时间变慢

图片描绘了引力导致时间变慢的情形。根据广义相对论，引力越大的地方，时间走得越慢。

越高的地方受到的地球引力越弱。地面上的人的时钟比珠峰顶上人的时钟走得稍微慢一点点。

大质量恒星

注：图中的光线弯曲以及时钟指针的快慢差异有所夸张

在引力弱的地方，
时间走得快。

距离长

恒星的引力导致光的
行进方向发生改变

距离短

在引力强的地方，
时间走得慢。

# 用 GPS 准确定位时，相对论必不可少

无论你在哪里，GPS（全球卫星定位系统）都能够准确地探测到你所处的位置。带 GPS 功能的手机与汽车导航系统正在成为我们生活中不可或缺的工具。其实，GPS 能够准确定位还多亏了相对论的帮助。

GPS 主要由 GPS 卫星和汽车导航系统或手机上搭载的 GPS 信号接收机构成。GPS 卫星不断发送含有"时刻"和"卫星位置"的无线电波信号。**电波以光速传播（每秒 30 万千米），根据"卫星发射的电波到用户接收机所经历的时间 × 光速"，可以计算出用户到卫星的距离。**用户与多个卫星（3个以上）之间不断重复同一过程，因此 GPS 信号接收机就能够确定自己的位置。

如果电波到用户接收机所经历的时间稍有偏差的话，GPS 就不能很好地发挥作用了。例如，假设电波到达用户的时间为 0.07 秒，那么，用户到卫星的距离为"0.07×30 万 =21000 千米"。如果时钟略有偏差，时间变成 0.07001 秒的话，用户到卫星的距离则变为"21003 千米"。虽然时间只有微不足道的 0.00001 秒（10 微秒）之差，距离却相差 3 千米。

### 不断修正相对论效应所导致的误差

GPS 卫星的飞行速度大约为每小时 1.4 万千米（每秒大约 4 千米），由于狭义相对论效应的影响，GPS 卫星的时钟每天大约比地面时钟慢 120 微秒。另外，由于 GPS 卫星位于距离地面大约 2 万千米的高空中，受到的地球引力比地面小，**由于广义相对论效应的影响，GPS 卫星的时钟每天大约比地面时钟快 150 微秒。**

两者综合的结果是，GPS 卫星内置时钟每天大约比地面时钟快 30 微秒，换算为距离的话，相当于大约 10 千米。误差如此大的话，GPS 将无法正常使用。为了得到准确的定位结果，消除相对论效应所导致的时间差，就必须事先对 GPS 卫星内置时钟加以修正。

## GPS 卫星的时钟比地面时钟走得快！

图片描绘了 GPS 的作用机制。GPS 卫星在距离地面大约 2 万千米的高空中飞行，时速为 1.4 万千米。由于狭义相对论效应及广义相对论效应的影响，卫星内置时钟每天比地面时钟大约快 30 微秒。在设计时，事先考虑到了相对论效应的影响，对卫星内置时钟进行了修正。

离左侧卫星等距离的圆（没有修正时间）

离左侧卫星等距离的圆（修正了时间）

### 2. 计算 GPS 信号接收机到卫星的距离

GPS 发射的电波呈球形扩散，因此，地面上与卫星等距离的场所呈圆形分布。安装有导航系统的汽车位于这个圆上的某一点。

## GPS 卫星

GPS 卫星以 1.4 万千米的时速在距离地面大约 2 万千米的高空中飞行，并搭载着精密的原子钟，24 小时不间断地向地面发送时刻信息和卫星轨道信息。现在，共有大约 30 颗卫星飞翔在高空以覆盖整个地球表面，提供全球性的服务。

## 1. GPS 卫星发射电波

GPS 卫星不断发射包含"现在位置"和"现在时刻"的电波信号。图中分别用红色、黄色和蓝色表示某一时刻与这些卫星等距离的位置。

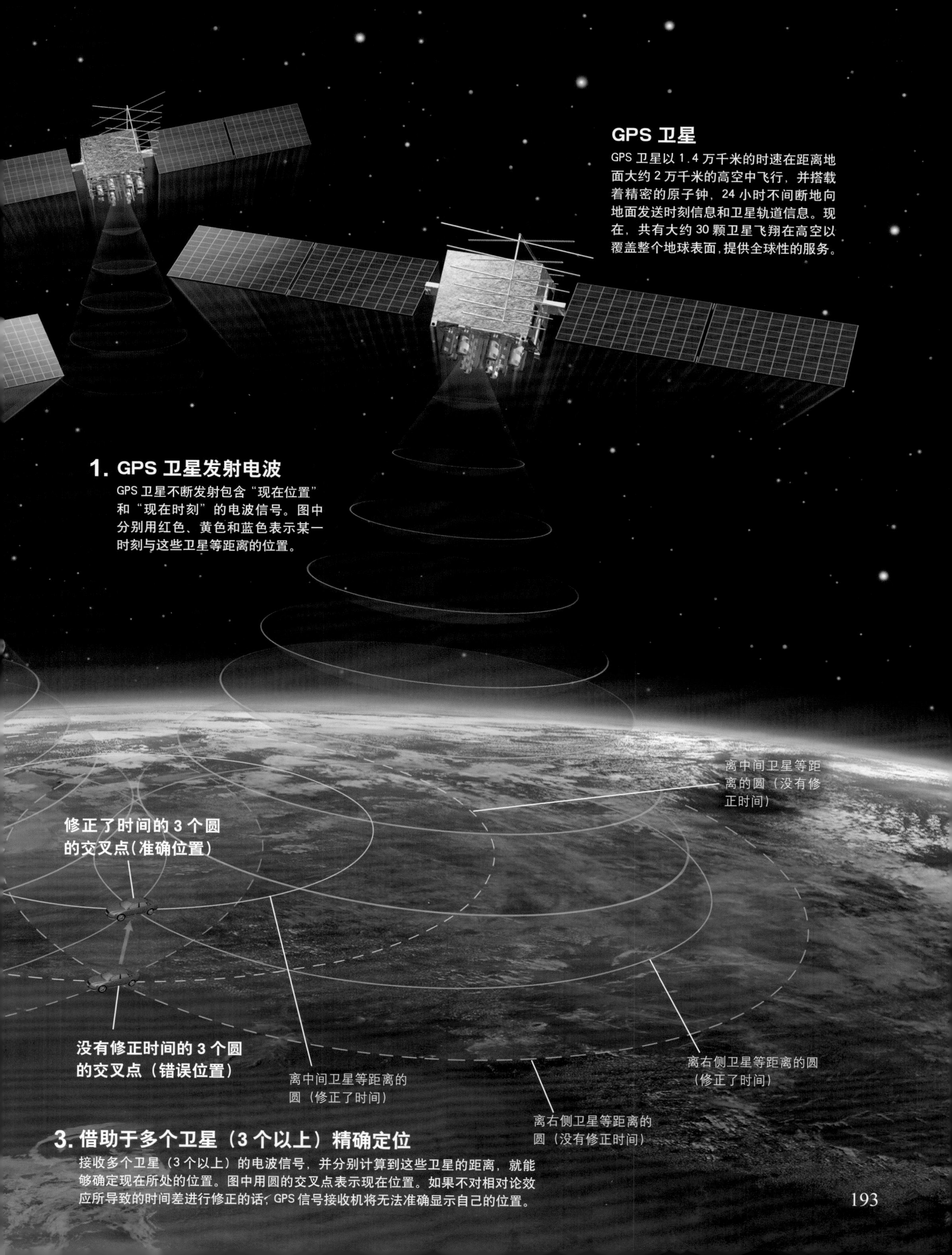

离中间卫星等距离的圆（没有修正时间）

修正了时间的 3 个圆的交叉点（准确位置）

离右侧卫星等距离的圆（修正了时间）

没有修正时间的 3 个圆的交叉点（错误位置）

离中间卫星等距离的圆（修正了时间）

离右侧卫星等距离的圆（没有修正时间）

## 3. 借助于多个卫星（3 个以上）精确定位

接收多个卫星（3 个以上）的电波信号，并分别计算到这些卫星的距离，就能够确定现在所处的位置。图中用圆的交叉点表示现在位置。如果不对相对论效应所导致的时间差进行修正的话，GPS 信号接收机将无法准确显示自己的位置。

193

# 广义相对论所预言的神奇天体——黑洞

广义相对论认为，当时空弯曲无限大时，会形成一个甚至连光都会被"吞噬"而无法逃脱的不可思议的区域。1967年，美国物理学家约翰·惠勒（1911～2008）将这一神奇天体命名为"黑洞"。更加神奇的是，在黑洞表面，时间是停止的。

我们不禁会问：真的存在一种连光都能吞噬、让时间停止的神奇天体吗？当时，甚至连爱因斯坦都认为黑洞仅仅是理论上的产物而怀疑其并不真实存在。

由于黑洞本身不发光，因此无法直接观测到。20世纪70年代，科学家观测到来自天鹅座X-1的X射线，从而证实了黑洞的存在。黑洞周围的物质被巨大的引力所吸引，逐渐螺旋下落形成一个吸积盘（参照图片）。吸积盘在高温下将释放X射线等光（电磁波），因此可以间接观测到黑洞。

## 借助射电望远镜来寻找黑洞的身影

在利用短波长的X射线来观测黑洞的同时，利用波长较长的亚毫米波观测黑洞的研究也取得了长足进步。亚毫米波是指波长介于0.1～1毫米的电磁波。研究认为，星系中心存在着巨大的黑洞。由于星系中心被等离子体云团（电离气体）所覆盖，大部分电磁波被遮挡而无法穿透，因此很难观测到黑洞周围的情形。不过，由于一部分亚毫米波能够穿透等离子体云团，因此，科学家希望借助于亚毫米波来详细观测黑洞。

坐落于智利阿塔卡马沙漠的亚毫米波阵列望远镜（ALMA）是世界上最强大的射电天文望远镜，拥有世界最高分辨率。借助于ALMA与位于世界各地的其他射电望远镜，科学家在2019年第一次成功观测到黑洞的"影子"。

**恒星和黑洞所造成的时空弯曲**

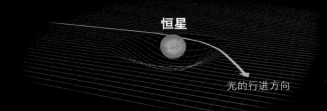

恒星

光的行进方向

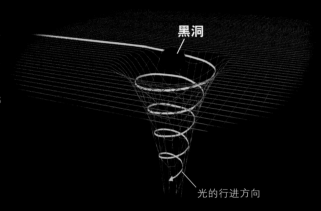

黑洞

光的行进方向

光从恒星旁边经过时，会受到时空弯曲的影响而发生弯曲。另外，光进入黑洞后将无法逃逸。

**吸积盘**

当黑洞与恒星相距较近时，恒星的气体不断被黑洞掠夺和吞噬。被吸积的气体围绕黑洞高速旋转，形成圆盘，这就是吸积盘。气体之间的摩擦使得吸积盘温度升高，从而发出耀眼的光芒。

## 喷流

喷流是指物质从黑洞附近以接近光速的速度喷出的现象。研究认为，这是被黑洞周围的强磁场等加速所造成的，但是，其加速机制尚不明确，仍有许多未解之谜。

被黑洞掠夺气体的恒星

黑洞

## 实际观测到被认为仅理论上存在的天体

图片为从邻近的恒星掠夺和吞噬气体的黑洞的想象图。黑洞是如何形成的？内部状态是怎样的？喷流的加速机制是什么？今天，黑洞依然有许多未解之谜，科学家正在不断努力以取得突破。

# 广义相对论与引力波

# 100 年前，广义相对论预言了时空涟漪——引力波的存在

当地时间 2016 年 2 月 11 日，一个消息引起了全世界的关注：美国引力波探测站 LIGO 直接探测到了时空涟漪——引力波。

引力波是指空间伸缩以波的形式向周围传播的现象。广义相对论认为，黑洞和中子星（几乎全部由组成原子核的要素中子构成的、密度极高的天体）等超高密度物体运动时，其所导致的空间波动会像水面上泛起的波纹那样向四周扩散。黑洞并合或中子星并合时会发射出强烈的引力波，引力波通过地球时将导致空间波动。波动大小因产生引力波的天体与地球之间的距离而异，不过，总体上来说，是极其微小的。例如，在太阳到地球这么长的距离内，一般引力波所导致的空间波动只有一个原子那么大，很难被直接探测到。因此，引力波也被称为"爱因斯坦最后的预言"。自广义相对论预言存在引力波以来，历经百年探索，人类终于首次直接探测到了引力波，证实了爱因斯坦的最后一项预言。

据新闻发布会介绍，引力波是于 2015 年 9 月 14 日由经过升级改造、灵敏度进一步提升后的 Advanced LIGO 在试运行仅仅 2 天之后发现的。分析结果表明，这次探测到的引力波是由相互绕转的两个黑洞逐渐靠近，最后碰撞并合在一起时所产生的。发生碰撞的两个黑洞的质量分别是太阳质量的 36 倍和 29 倍，并合后的黑洞质量为太阳质量的 62 倍。

36 加上 29 等于 65，并合前两个黑洞的总质量为太阳质量的 65 倍，并合后却只有 62 倍。研究认为，**根据质能公式 $E=mc^2$，损失的那 3 个太阳质量转化为巨大的能量，以引力波的形式被释放到了宇宙空间。**这次探测到的空间波动最大为 1 毫米的 1 万亿分之 1 的 100 万分之 1。引力波波源在大麦云所在的方向，距离地球大约 13 亿光年。

**能够穿透所有的物质是引力波的一大特点。利用这一特点，或许可以获取更多来自宇宙的信息。例如，**无法通过天文观测获悉的有关超新星爆发（恒星大爆炸）机制的信息、有关宇宙诞生之初的暴胀（急剧膨胀）的信息等。

要想获取引力波波源的准确信息，仅仅 LIGO 还不能完成这一重任。目前，多个国家都投入了巨资建造引力波探测网，试图发现引力波的神秘踪迹。日本在岐阜县神冈矿山地下建造了引力波探测站 KAGRA，第一期实验设施在 2015 年 11 月已经基本完成，目前正在进行试运行和进一步调试。此外，欧洲的引力波探测站 VIRGO 也正在进行升级改造，升级后将以更高的灵敏度来探测引力波。可以说，**2016 年是引力波天文学研究的开启之年。**

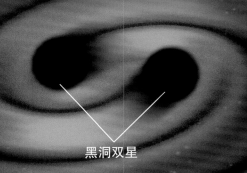

黑洞双星

# 成功直接探测到时空涟漪——引力波

图片是黑洞双星发射引力波的模拟图。黑洞等天体高速运动所产生的空间波动会以引力波的形式向四周扩散。两个黑洞逐渐靠近，最终并合为一体。在黑洞并合的瞬间，发射出更加强烈的引力波。下面的波形图是 LIGO 实际探测到的引力波（空间伸缩的大小）。

太阳

地球

## LIGO 实际探测到的空间伸缩

位于华盛顿州的 LIGO 所捕捉到的波形图

位于路易斯安那州的 LIGO 所捕捉到的波形图

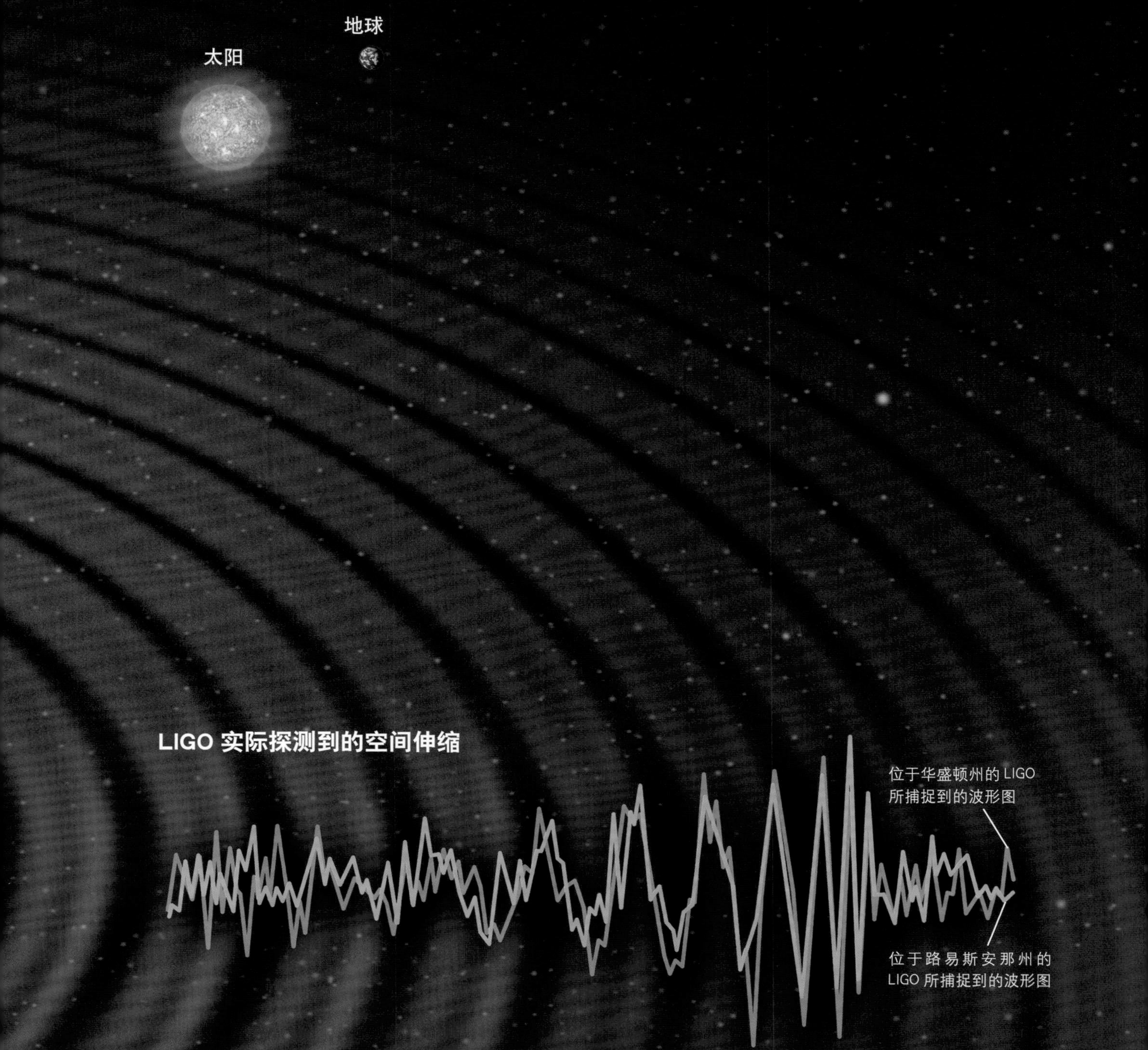

上面的波形图是 LIGO 实际探测到的引力波（空间伸缩的大小）。LIGO 分别位于美国路易斯安那州和华盛顿州，它们探测到了几乎完全相同的波形，因此可以得出结论：确实探测到了引力波。波形图显示，引力波逐渐变大，到达顶峰后急剧变小。研究认为，在两个黑洞并合的瞬间波形达到顶峰。

# 宇宙论诞生于相对论，并致力于探索宇宙的起源

我们生活的宇宙是如何诞生的？在广义相对论诞生之前，几乎没有人从科学角度讨论过这个问题，甚至连爱因斯坦也认为宇宙是没有起点的。

不过，广义相对论表明，空间并非是不变化的，具有质量的物体会导致周围的空间弯曲。1922年，苏联宇宙物理学家亚历山大·弗里德曼（1888～1925）将

广义相对论应用于整个宇宙，从而推导出整个宇宙空间可以膨胀或收缩。正是基于宇宙空间能够变化这一观点，才诞生了真正意义上的宇宙学（cosmology），人类开始探索宇宙的诞生、演化与未来。

1929年，美国天文学家埃德温·哈勃（1889～1953）发现距离越远的星系正以越来越快的速度远离我们，这

## 宇宙的起源至今依然是一个谜

图片描绘了宇宙诞生于"虚无"，经历暴胀和大爆炸后形成如今宇宙的过程。研究认为，要想破解宇宙诞生之谜，必须创建一个融合了广义相对论和量子力学的理论。遗憾的是，这一理论尚未完善，如今依然有许多人在为之奋斗。

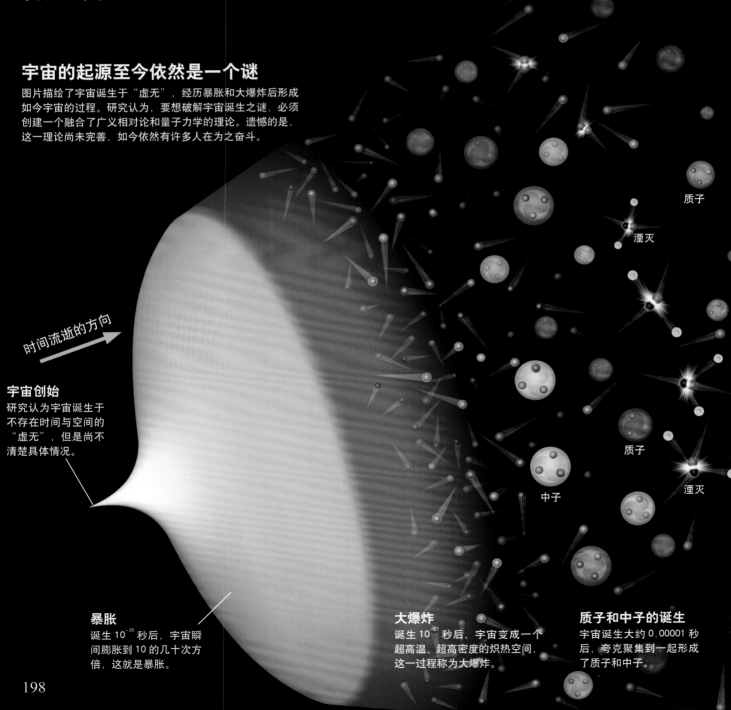

时间流逝的方向

**宇宙创始**
研究认为宇宙诞生于不存在时间与空间的"虚无"，但是尚不清楚具体情况。

质子

湮灭

质子

中子

湮灭

**暴胀**
诞生 $10^{-36}$ 秒后，宇宙瞬间膨胀到 10 的几十次方倍，这就是暴胀。

**大爆炸**
诞生 $10^{-27}$ 秒后，宇宙变成一个超高温、超高密度的炽热空间，这一过程称为大爆炸。

**质子和中子的诞生**
宇宙诞生大约 0.00001 秒后，夸克聚集到一起形成了质子和中子。

意味着整个宇宙空间在不断膨胀。假如时光倒流的话，整个宇宙空间将不断变小，最终回到宇宙诞生的瞬间。那么，宇宙是如何诞生的？又是怎样演化的呢？

一种观点认为，**宇宙是在距今大约 138 亿年前从不存在时间和空间的"虚无"诞生的**。诞生后，宇宙在远远短于 1 秒的时间内急剧膨胀到大约 $10^{43}$ 倍（1 万亿 ×1 万亿 ×1 万亿 ×1000 万倍），这一现象称为暴胀。诞生 $10^{-27}$ 秒后，在宇宙停止暴胀的同时，根据质能公式 $E=mc^2$，暴胀所引发的能量转化为基本粒子（构成物质的基础）和光，从而诞生了物质与光。之后，宇宙成为一个超高温、超高密度的炽热空间，这一过程称为宇宙大爆炸。

后来，宇宙的膨胀速度（与暴胀时期相比）逐渐变缓，经过漫长的时间后，温度逐步减低、冷却，形成了原子，诞生了星体和星系，最终形成我们如今所看到的宇宙。

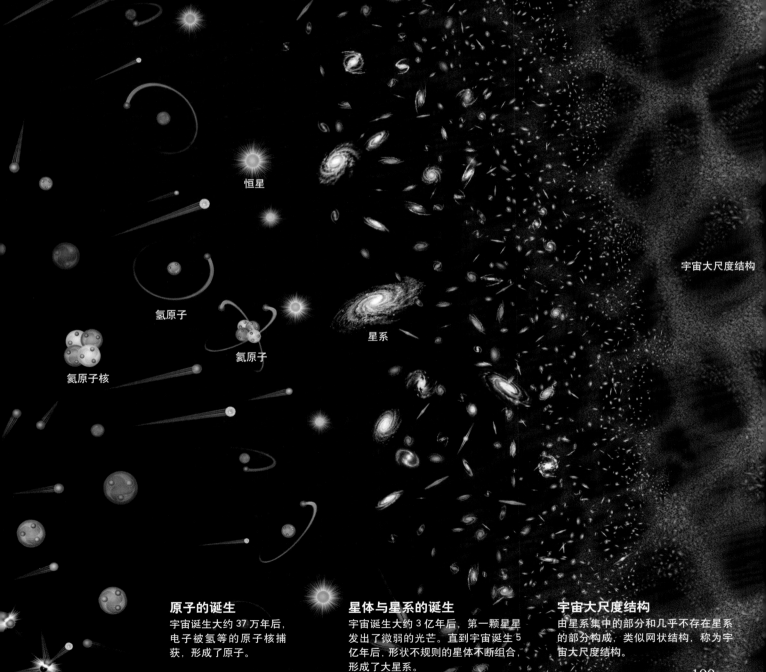

恒星

氢原子

氦原子

氦原子核

星系

宇宙大尺度结构

**原子的诞生**
宇宙诞生大约 37 万年后，电子被氢等的原子核捕获，形成了原子。

**星体与星系的诞生**
宇宙诞生大约 3 亿年后，第一颗星星发出了微弱的光芒。直到宇宙诞生 5 亿年后，形状不规则的星体不断组合，形成了大星系。

**宇宙大尺度结构**
由星系集中的部分和几乎不存在星系的部分构成，类似网状结构，称为宇宙大尺度结构。

# 描绘宇宙未来的爱因斯坦方程

最初，甚至连爱因斯坦都认为宇宙空间是静止的，不会膨胀或收缩。不过，他却遇到了一个百思不得其解的问题。

众所周知，磁力既有相互吸引的引力，也有相互排斥的斥力。然而，引力却没有相当于排斥力的"反引力"。这意味着星体与星系将在各自引力的作用下相互吸引靠近，经过漫长的时间后，宇宙将收缩变小，与爱因斯坦所认为的"静态宇宙"不一致。于是，爱因斯坦在广义相对论方程（爱因斯坦方程）中引进了一个表示"宇宙空间的排斥力"的项，用以与收缩方向的力保持平衡，"强制性"地创建了一个静态宇宙，并将这个项称为宇宙项。

不过，弗里德曼根据广义相对论推导出了动态宇宙模型，后来，哈勃通过天文观测发现宇宙在不断膨胀。基于这些发现，爱因斯坦最后意识到静态宇宙观是错误的，**去掉了宇宙常数，并承认这是他"一生犯的最大的错误"**。

今后，不断膨胀的宇宙将迎来怎样的命运呢？许多科学家认为今后宇宙的膨胀速度将逐渐变慢。众所周知，骑自行车时，如果不使劲蹬的话，由于车轮与道路之间的摩擦，自行车的行进速度将不断变慢。与此类似，宇宙膨胀的速度也在引力的作用下而在不断"刹车"，逐渐变缓。

## 宇宙在加速膨胀！

1998 年，一项研究成果震惊了整个科学界。研究结果表明，**宇宙膨胀的速度在不断变快，也就是说，我们生活的宇宙在加速膨胀**。是什么导致了宇宙加速膨胀呢？科学家认为，宇宙空间里充满了未知的能量——暗能量，它导致了宇宙加速膨胀。暗能量是空间（真空）自身所拥有的能量，均匀分布在宇宙中，不管宇宙如何膨胀，暗能量都不会被"稀释"。暗能量的本质到底是什么？这依然是一个未解之谜，是宇宙学面临的最大课题。今后，宇宙将继续加速膨胀还是会从加速膨胀转为收缩？现在并没有一个最终结论（右图）。

当时，爱因斯坦由于认为宇宙是静态的而在爱因斯坦方程中引进了宇宙项，之后又将其去掉了。60 年后，**宇宙空间的排斥效应"改头换面"，以"暗能量"的名义再次复活，重新回归到宇宙论**。如今，许多科学家都认为暗能量在数学上与宇宙项相同。

## 未来的宇宙是什么样子的？

自诞生以来，宇宙一直在不断膨胀。今后，宇宙还会像先前那样继续膨胀吗？对此，科学家没有一个明确的结论。图片分别为今后宇宙还像以前那样加速膨胀时（右页左上图）、从膨胀转为收缩时（右页右上图），以及今后更加急剧膨胀时（右页下图）的想象图。圆板分别表示那一时期的宇宙。

## 爱因斯坦方程

$$R_{\mu\nu} - \frac{1}{2}Rg_{\mu\nu} + \Lambda g_{\mu\nu} = \frac{8\pi G}{c^4}T_{\mu\nu}$$

圆周率 引力常数

光速

表示物质的动量和能量

**时空状态**
（表示空间弯曲了多少，时间变慢了多少）

**宇宙项**
（使宇宙空间膨胀）

上图为根据广义相对论推导出的爱因斯坦方程（表示时间、空间、质量和能量的关系），可以计算出宇宙空间膨胀或收缩的方法等。带有 μν 符号的为张量。张量是矢量的推广，矢量是既有大小又有方向的量。

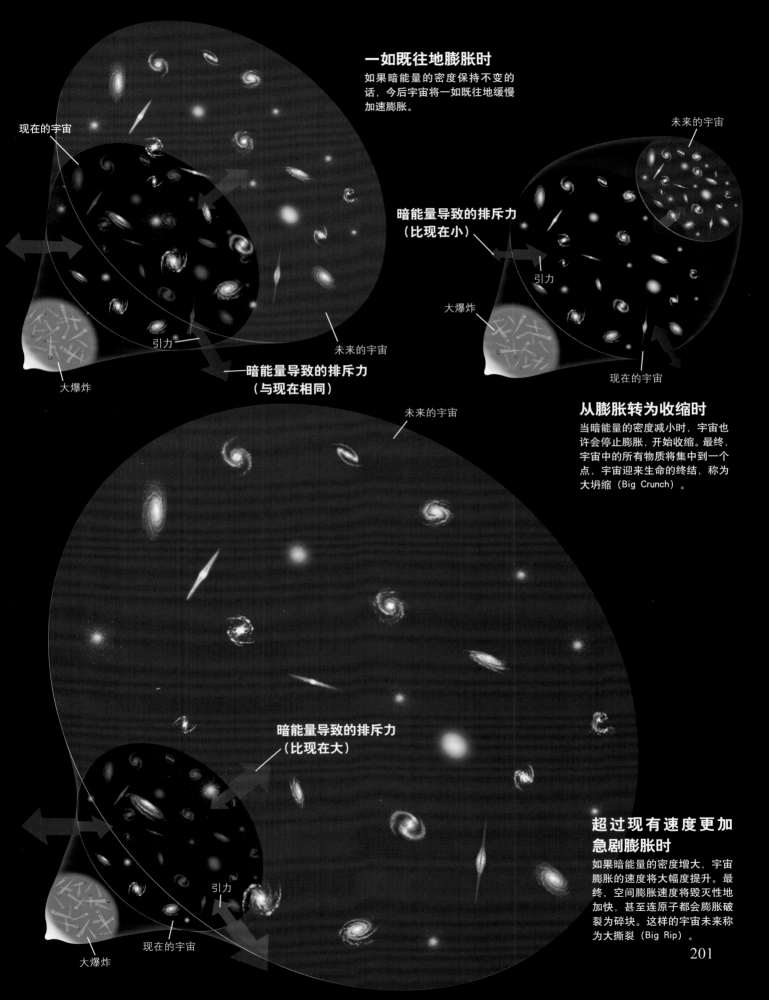

**一如既往地膨胀时**

如果暗能量的密度保持不变的话，今后宇宙将一如既往地缓慢加速膨胀。

现在的宇宙

大爆炸

引力

暗能量导致的排斥力
（与现在相同）

未来的宇宙

未来的宇宙

暗能量导致的排斥力
（比现在小）

引力

大爆炸

现在的宇宙

**从膨胀转为收缩时**

当暗能量的密度减小时，宇宙也许会停止膨胀，开始收缩。最终，宇宙中的所有物质将集中到一个点，宇宙迎来生命的终结，称为大坍缩（Big Crunch）。

未来的宇宙

暗能量导致的排斥力
（比现在大）

引力

现在的宇宙

大爆炸

**超过现有速度更加急剧膨胀时**

如果暗能量的密度增大，宇宙膨胀的速度将大幅度提升。最终，空间膨胀速度将毁灭性地加快，甚至连原子都会膨胀破裂为碎块。这样的宇宙未来称为大撕裂（Big Rip）。

# 爱因斯坦认为量子理论并不完善，试图建立独自的统一场理论

1915～1916 年，爱因斯坦提出了广义相对论。他的下一个目标是把**电磁力与引力统一起来**。可以说，物理学就是一个"统一"的历史。艾萨克·牛顿把导致苹果落下的力与让月球公转的力统一为**万有引力**，詹姆斯·麦克斯韦则将电力与磁力统一为**电磁力**。

为什么爱因斯坦将目标瞄准了电磁力和引力呢？这是因为当时只有引力和电磁力这两个基本力得到了明确证实，其他力还不为人知。**一提到力，大家就会想到摩擦力、让飞机飞上天空的升力、拉紧绳子的张力等各种各样的力。不过，归根结底，这些看似完全不同的力在本质上都是电磁力。**

让我们想象一下用球棒击球时的情景。如果把球棒和球放大的话，我们就会发现它们都是由原子聚集而成的（下图）。如前文所示，原子中是空荡荡的，用球棒击球时，球棒好像会从球中间横穿而过。不过，实际情况并非如此。当组成球棒的原子与组成球的原子靠近时，围绕原子核高速旋转的电子之间会产生电荷斥力（电磁力）。结果，球棒就不会从球中间横穿而过，而是击中球后弹回。

也就是说，**正是在原子之间所产生的电磁力的帮助下，球棒才得以击中球。与此相同，从微观角度来看，电磁力也是摩擦力和张力的根源。可以肯定地说，我们在日常生活中感受到的力，除了引力之外，归根结底都是电磁力。**

### 借助于多维度来实现力的统一

引力与电磁力有一个相似之处，两者都会随着距离的平方反比而变小（当距离增大为 2 倍时，力减小到 1/4）。于是，爱因斯坦雄心勃勃地试图建立一个新的理论把这两种力统一起来，**这就是统一场论。**

爱因斯坦是如何建立统一场论的呢？他受到德国数学家及物理学家西奥多·卡鲁扎（1885～1954）和

**电磁力是我们日常生活中感受到的所有力的根源**

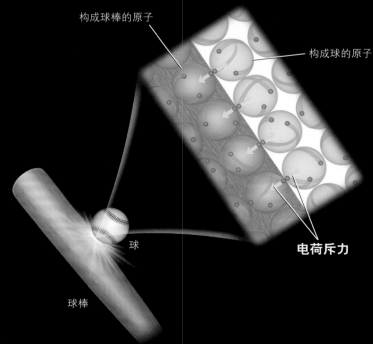

构成球棒的原子

构成球的原子

电荷斥力

球

球棒

用球棒击球时，球棒分子中的电子与球分子中的电子因电磁力而相互排斥。结果，球棒不会从球中横穿而过，而是在击球后弹回。另外，原子相互紧密结合在一起的力也是电磁力。

## 爱因斯坦试图实现的力的统一

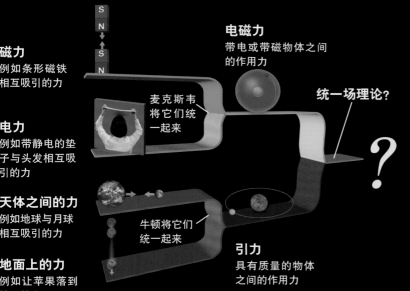

**磁力**
例如条形磁铁
相互吸引的力

**电力**
例如带静电的垫
子与头发相互吸
引的力

**天体之间的力**
例如地球与月球
相互吸引的力

**地面上的力**
例如让苹果落到
地面的力

**麦克斯韦
将它们统
一起来**

**牛顿将它们
统一起来**

**电磁力**
带电或带磁物体之间
的作用力

**统一场理论?**

**引力**
具有质量的物体
之间的作用力

上面为爱因斯坦的研究目标——"力的统一"的模拟图。艾萨克·牛顿把天体
之间的作用力与地面上的物体向下掉落的力统一为万有引力,詹姆斯·麦克斯
韦把电力与磁力统一为电磁力,爱因斯坦试图把万有引力与电磁力统一起来。

## 隐藏起来的维度

在细棍上前后爬行的蚂蚁

看上去是 1 维的细棍

蚂蚁不仅能前后爬
动,还能沿着细棍
的圆周方向爬动

**放大后才呈现出来
的"第 2 维度"**

图片描绘了物理学家预言的"隐藏起来的维度"这一
观点。从远处看,细棍是 1 维的线,放大后则能看到
另一个维度。

瑞典理论物理学家奥斯卡·克莱因(1894 ~ 1977)观
点的启发。卡鲁扎与克莱因两人认为**"广义相对论在 4
维以上的时空里也成立"**,**并创建了卡鲁扎 – 克莱因
理论。**

　　一般认为,我们生活在由 3 维空间和 1 维时间组成
的 4 维时空中。但是,卡鲁扎和克莱因对这一常识持
怀疑态度,希望弄清楚如果广义相对论延伸至增加了
一个维度的 5 维时空会出现什么结果。结果令人无比
震惊:通过增加维度而在方程中出现了一个新的项,
这就是电磁力。

　　也就是说,**如果增加第 5 维的话,不仅引力,连电
磁力都可用同一个理论概括起来。**那么,第 5 维存在
于哪里呢?卡鲁扎和克莱因认为,**第 5 维极其微小,
谁都没有发觉它的存在。**

　　"由于极其微小而没被发觉",这到底是什么意思
呢?让我们想象一下右上图中的情形。细棍上有一只
蚂蚁,它看上去好像只是在细棍上向前或向后爬动。
不过,如果稍微靠近一些观察的话,就会发现蚂蚁不
仅能前后(1 维)爬行,还能沿着细棍四周(把细棍横
切成圆片时,切口的圆周)爬行。也就是说,**对蚂蚁
来说,细棍表面不是 1 维的,而是 2 维世界。**

　　与此相同,根据卡鲁扎 – 克莱因理论,我们生活

的空间里隐藏着极其微小的维度。爱因斯坦以这一理
论为基础,开始向建立更加精确的电磁力和引力统一
理论发起了冲锋。可惜的是,**他所建立的理论与之后
的实验结果不一致而以失败告终。**但是,爱因斯坦并
没有灰心,而是在"增加维度"这一方法之外做了各
种尝试,试图完成统一场理论。遗憾的是,虽然爱因
斯坦在后半生一直致力于寻找统一场理论的研究,但
是直到 1955 年 4 月 18 日去世也没有完成宏愿。据说,
在去世的前一天他还在从事研究。

### 量子理论与广义相对论的融合之梦

　　在致力于建立统一场理论的研究过程中,爱因斯坦
的脑海里出现了一个新的愿望:**从统一场理论中推导
出量子理论。**量子理论是研究微观世界的基本规律的
理论,由德国物理学家马克斯·普朗克(1858 ~ 1947)
等为首的科学家从 19 世纪末以来发展而成。不过,爱
因斯坦认为量子论并不完善。

　　**根据量子论,无论怎样努力,微观世界里都存在无
法消除的本质上的不确定性。**可以说,在微观世界里,
测量长度的尺子刻度和测量时间的时钟刻度好像在不
停地摇晃。结果,**时间和空间的概念本身在极其微小
的世界里变得非常不明确,这是广义相对论所不能解**

释的。爱因斯坦无论如何都不能完全接受量子理论的观点，对于只能用概率解释微观世界的量子理论持批判态度，并留下了"上帝不会掷骰子"这句名言。

## 统一引力之路最为艰辛

在爱因斯坦去世10年后，他没有完成的"力的统一"之梦开始逐步实现。在爱因斯坦的晚年时期，科学家发现除了已知的引力和电磁力，**还存在强力（把夸克束缚在一起的力）和弱力（放射性物质原子核中的中子衰变为质子时的力）**。也就是说，我们生活的宇宙里存在引力、电磁力、强力和弱力，共计4种基本力。遗憾的是，爱因斯坦拘泥于引力和电磁力的统一，对这两种新发现的力没有表示出太多的兴趣。

1967年，美国物理学家谢尔登·格拉肖（1932～）、史蒂文·温伯格（1933～）和巴基斯坦物理学家阿布杜斯·萨拉姆（1926～1996）等人提出了电弱统一理论，**把电磁力与弱力统一了起来**。20世纪70年代初期，科学家进一步提出了把强力、弱力、电磁力这三种作用统一起来的**大统一理论**。虽然大统一理论尚不完善，但是让人们看到了前进的方向。具有讽刺意味的是，

在4种基本力中，直到今天引力也没有被统一起来。现在，众多科学家正在坚持不懈地努力，力图建立把包括引力在内的4种力统一起来的"终极理论"。其中，超弦理论被视为最有可能实现这一终极理论。

## 宇宙是由"弦"构成的？

长期以来，粒子物理学一直把基本粒子当作没有大小的"点"而构建理论的。超弦理论则认为所有的基本粒子都是"弦"，只不过由于弦的振动方式不同而形成了各种不同的基本粒子。

与大统一理论不同，超弦理论在创建之初就引进了引力，因此也被认为最接近于统一4种基本力的终极理论。

超弦理论有一个非常有趣的预言：**这些弦存在于9维空间（10维时空）或10维空间（11维时空）**，只不过其中的6维或7维空间卷曲成非常小的圆而不能被看到，我们只能看到3维空间。此外，还有一种假说认为，我们生活的宇宙就像漂浮在多维空间的膜，我们无法脱离膜。这种假说是从超弦理论派生出来的，称为"膜宇宙"（右页图）。

### 现代物理学家为之奋斗的"力的统一"

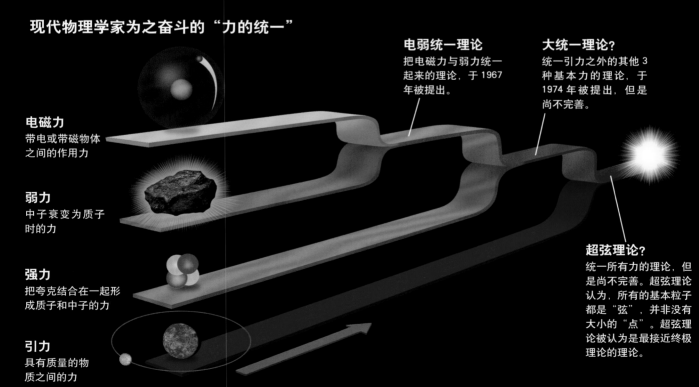

**电磁力**
带电或带磁物体之间的作用力

**弱力**
中子衰变为质子时的力

**强力**
把夸克结合在一起形成质子和中子的力

**引力**
具有质量的物质之间的力

**电弱统一理论**
把电磁力与弱力统一起来的理论，于1967年被提出。

**大统一理论?**
统一引力之外的其他3种基本力的理论，于1974年被提出，但是尚不完善。

**超弦理论?**
统一所有力的理论，但是尚不完善。超弦理论认为，所有的基本粒子都是"弦"，并非没有大小的"点"。超弦理论被认为是最接近终极理论的理论。

图片显示了现代物理学家为之奋斗的"力的统一"之路。电弱统一理论虽然把电磁力与弱力统一起来了，但是，力的统一之路并没有最终完成。超弦理论被认为是最有可能统一包括引力在内的所有力的理论。

## 超弦理论与膜

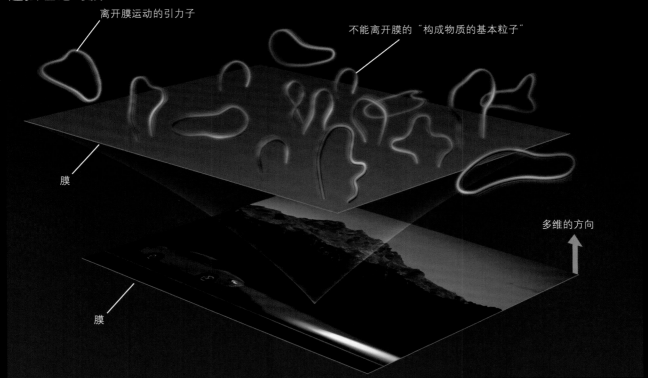

离开膜运动的引力子

不能离开膜的〝构成物质的基本粒子〞

膜

膜

多维的方向

超弦理论认为，构成物质和力的最基本的单位并非没有大小的"点"，而是"弦"。根据从超弦理论派生出来的某一理论模型，我们生活的世界就像飘浮在多维空间的膜。构成物质的基本粒子粘在膜上无法脱离，因此不能向多维方向运动。只有引力子（传递引力的基本粒子）能够脱离膜运动，也就是说，只有引力才能在多维空间里传播。

我们不禁会问：真的存在多维世界吗？如今，科学家正在借助于 LHC 等加速器来验证多维空间是否存在。此外，超弦理论还结合了广义相对论和量子理论。一旦超弦理论得以完善，科学家或许可以弄清楚现代科学无法解释的**黑洞中心的状态以及宇宙诞生的瞬间**等微观时空里发生的现象。如今，爱因斯坦花费大量心血从事的"力的统一"研究正以另外一种面貌在现代物理学中生机勃勃地不断发展。

### 爱因斯坦的丰功伟绩不单单限于相对论

前文介绍了基于狭义相对论和广义相对论发展出的各种研究领域。不过，爱因斯坦取得的成就并不仅仅限于相对论。

例如，爱因斯坦发现了**布朗运动**（液体中微小粒子的不规则运动）的机制，并发表了相关论文。爱因斯坦认为，布朗运动是液体中处于热运动的原子和分子从四面八方撞击悬浮微粒所导致的无规则运动。这一观点可以从实验上证明是否存在原子或分子。**自公元前开始，人类就在不停地争论"物质是由什么构成的"，爱因斯坦为解开这一巨大谜团提供了突破口。**如今，有关布朗运动的研究被广泛应用于股价变动分析、液体和气体中物质的扩散预测等方面。

此外，爱因斯坦还提出了**光量子假说，认为光不仅具有波的性质，还具有粒子的性质。**后来，以光量子假说为基础，发展形成了研究和开发数码相机等技术，以及光通信技术的光电子学。另外，爱因斯坦提出的激光受激辐射原理被广泛应用于激光笔、硬盘读取等日常生活中。

20 世纪 20 年代中期，爱因斯坦还预言在接近绝对零度（大约 −273℃）等超低温环境下，一些物质会变成"玻色 − 爱因斯坦凝聚态"(BEC)这一特殊的状态。

可以说，BEC 类似于激光。激光是多个光波聚集成一个较大的波，步调一致地向同一方向传播。根据量子力学，电子和原子等微观粒子也具有波的性质。**在"玻色 − 爱因斯坦凝聚态"下，一百多万个"原子波"形成一个较大的波步调一致地行动。**1955 年，正如爱因斯坦所预言的那样，BEC 得以实现。如今，科学家期待着利用这一机制来精密测定引力等。

可以说，在进入 21 世纪的今天，20 世纪最伟大的物理学家爱因斯坦留下的丰功伟绩依然对整个物理学的研究有着巨大的影响。Ⓝ　翻译／王鸣阳　魏俊霞

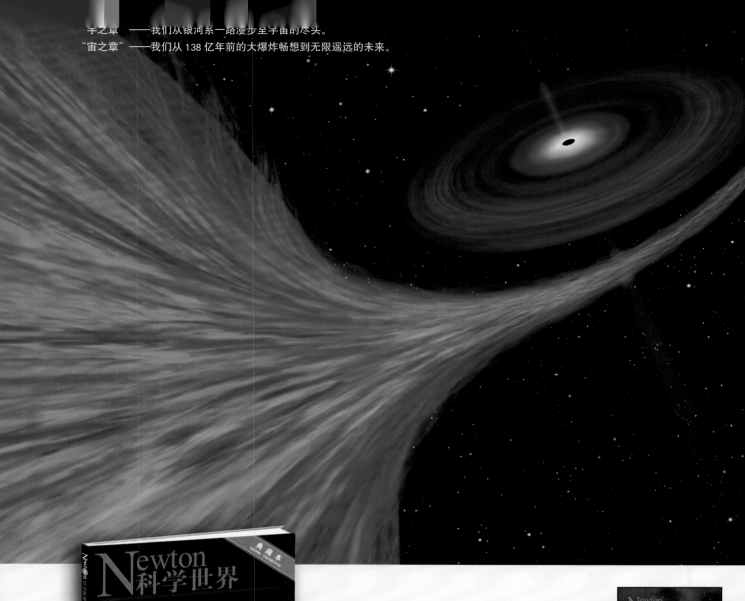

# 大宇宙 典藏本

**空间与时间，我们认识的宇宙，集于一册！**

**特别附赠：宇宙关键词手册**

　　宇宙有上千亿个银河系这样的星系，每个星系又有上千亿颗像太阳这样的恒星，地球只是太阳系里的一颗行星。地球之于宇宙，犹如茫茫海洋中之一滴水，从这一滴水说出整个海洋的故事，确实是不可理解的事！这本篇幅不大的读物就是向大家讲述地球上的人类所能够理解的空间广延138亿光年、时间跨度138亿年的宇宙所发生的故事。本书文字精炼、图文并茂、选题独到、编排精心、篇章标题引人入胜，将宇宙最精彩的故事娓娓道来，是一本非常值得向青少年推荐的优秀读物。

今天的地球有着海洋、陆地、大气以及无数繁盛其间的生物。
如此熙熙攘攘的世界是怎样产生的？

# 地球与生命 典藏本

**地球的变迁，生命的跃进，46亿年全景图！**

　　我们的地球有着海洋、陆地、大气，以及无数繁盛其间的生物。这种景象是怎样产生的呢？本书以现在为出发点，回顾地球和生命走过的数十亿年历程。

　　地球和生命经历了多次"重大事件"：火山熔岩肆虐，导致大部分生物灭绝；全球突然变冷，导致整个地球被冻结。地球环境的变化促进了生物进化，反之，生命活动也会给全球环境带来重大改变。

　　地球和生命历史的旅程，可以追溯到数百万年前、上亿年前直至46亿年前星子撞击的那一刻。星子其实就是岩石。生命诞生于由岩石形成的地球上，发展到现在如此丰富的景象，确实令人惊讶。本书还将介绍生命的诞生和生物演化的机制等，希望大家阅读本书时，能像欣赏精美画卷那般享受地球和生命46亿年的景象。

本书为日文版《Newton 增刊》的翻译版

## 原版图书编辑人员

| | |
|---|---|
| 主编 | 高岛秀行 |
| | 中村真哉 |
| 艺术指导 | 吉增麻里子 |
| 编辑 | 中村真哉 |

## 图片版权说明

| | |
|---|---|
| 125 | NASA and ESA，NASA，ESA，A. Bolton (Harvard—Smithsonian CfA) and the SLACS Team |
| 164 | Newton Press |
| 171 | HIP／PPS通信社 |
| 172 | FIA／Rue des Archives／PPS通信社 |
| 183 | 理化学研究所 |

## 插图版权说明

| | |
|---|---|
| 封面 | 设计室 秋翔子 |
| | （插图：寺田敬） |
| 4 | 寺田敬，Newton Press |
| 5 | Newton Press |
| 7 | 寺田敬 |
| 8～13 | Newton Press |
| 14～15 | 浅野仁 |
| 16～35 | Newton Press |
| 36～37 | 小林稔 |
| 38～39 | 小林稔，Newton Press |
| 40～43 | 小林稔 ／ Newton Press |
| 44～101 | Newton Press |
| 102～105 | 小林稔 ／ Newton Press |
| 106～109 | Newton Press |
| 110～111 | 寺田敬 ／ Newton Press |
| 112～167 | Newton Press |
| 169 | 加藤爱一 ／ Newton Press |
| 170～173 | Newton Press |
| 174～175 | 黑田清桐 |
| 176～191 | Newton Press |
| 192～193 | 吉原成行 |
| 194 | Newton Press |
| 194～195 | 小林稔 |
| 196～197 | 加藤爱一 |
| 198～199 | Newton Press |
| 200～201 | 太汤雅晴，Newton Press |
| 202～205 | Newton Press |
| 封三 | Newton Press |
| 封四 | Newton Press |